思想觀念的帶動者

文化現象的觀察者

本土經驗的整理者

生命故事的關懷者

SelfHelp

顛倒的夢想，窒息的心願，沉淪的夢想
為在暗夜進出的靈魂，守住窗前最後的一盞燭光
直到晨星在天邊發亮

不要讓床冷掉——如何成為一位性教練

The Art of Sex Coaching: Expanding Your Practice

作者—佩蒂・布利登（Patti Britton PH.D.）
譯者—林蕙瑛

目錄

第三部：性教練的服務

附錄

推薦序

派崔克・威廉斯博士（Dr. Patrick Williams）
心理學家，大師認證教練
生活教練訓練學院（Institute of Life Coach Training）的創始人

生活教練（life coaching）是對個人整體面向的教育及訓練。受過良好訓練的教練有能力創造案主生活中任何領域的對話，並接著創造多重行動計畫（multiple action plans, MAPS），以達成想要的結果或改變。生活教練的喜悅之一是視案主為完整個體，了解並討論他／她生活中的每一面向，並將他／她整個人轉向所期待的目標。

即使我們針對個人整體面向來探討，良好的生活教練經常會探討特殊主題或案主生活中的特定方面。有時教練的焦點可能集中於案主的配偶或親密伴侶，以及關係的狀態是如何支持或不支持案主的生活目標及意向。但是我懷疑，當討論到關係時，有關性關係的詢問往往被迴避或被含糊帶過。性及性滿足通常是臥房裡很重要的事，諮商時卻假裝它根本不在那兒。一旦將性與性事自諮商對話中移除，我們就不是著眼於案主的整體面向，然而，案主的整體生活正是我們致力支持與強化的。

性教練是從生活教練成長領域中自然發展出來的。性表達與性親密是人類生活中關鍵性的成分，且絕對是體現良好生活與健康生活原則的重要層面。因此性教練在生活教練專業中是獨特但具高度價值的。

在替佩蒂‧布利登的書寫這篇前言時，我有點想以前戲（foreplay）取代前言（foreword）。前戲是一種準備、歡迎、邀請及一個良好性經驗的開始。我想要讓各位讀者準備好閱讀本書，並進入性教練領域的介紹。我很榮幸能將布利登博士的智慧、她資訊豐富的引導，及較佳性表達的教練方法介紹給你們。

性。這個字眼在我們社會中無所不在。不論人們身在何處，「性」這個字總會跳出來打中我們，讓我們無時無刻都會聽到或看到它。然而人們卻甚至無法自在地將「性」這個字說出來，或者假設他們能說，也只敢小聲說。我們在廣告版上貼滿性的形象，電視裡也時時充滿了性的諷刺。然而在我們的個人生活中，什麼都能討論，卻不討論這個主題。性，雖然它無所不在，卻仍是人類表達中最被誤解的形式。

關於性的普遍及持續的誤解，既似是而非也令人感到貧乏。性交及其他形式的性表達，完美地象徵了大多數人類所追求的東西——連結、圓融及整合（包括與自己及與他人）。（畢竟若沒有性，我們變成什麼樣子？我們的誕生即來自性發生的時刻）。性亦是人類生活力量之展現。在東方傳統中，此能量稱爲氣（chi或ki）。它是人類的核心能量及我們人性的獨特表達。因此，性不僅是我們與他人連結與結合之慾望的表徵，最輝煌的性體驗也可以是超越的一個源頭。然而，在這世界上「性」經常仍是人類所有經驗中最被誤解且不滿足的一種。

在《不要讓床冷掉——如何成爲一位性教練》一書中，布利登博士提出新觀點，幫助人們自性及性經驗中獲得更多的滿足。請注意。這是對於性及性事主題毫無保留的方式。布利登博士相信正確的資訊會讓案主做明智的選擇。不僅是案主，性教練亦然。布利登博士說得很清楚，要成爲性教練，必須要有特殊化的訓練、倫理守則的知識，及已發展之專業脈絡才行。如果一個人想成爲精熟性教練藝術的最佳人才，所有這些事情均爲先決條件。布利登博士亦強調，性教練不是心理治療。教練並非治療師，而且並非案主提出的所有議題均能在性教練時段中討論。教練的第一條規則是要給案主適當轉介，假若案主是無法教導訓練的，或是有需要治療的議題。

也許有些讀者讀了這本書後會受到感召，想成爲性教練而去探索特殊化的訓練，並接受性方面的特殊訓練，而發展出性教練之實務。有些讀者則會整合書中的技巧與洞見，運用於目前的教練實務中，且當他們想藉由與案主直接探討性事而獲得成長時，這本書能幫助案主取用性教練的資源。治療師及諮商師亦會發現本書很有幫助，可視爲與案主諮商時的參考資訊與引導，尤其當案主需要治療性擔心，包含性行爲及功能失調時。

布利登博士告訴你如何以教練般的態度與案主討論性及性事。我的主張一向是，教練是一連串不斷進行的對話，探討案主生活中的所有領域，而這就包括了性。同樣地，布利登博士亦清楚陳述，性教練是一段歷程，並非單一事件——它是發生在案主生活裡廣大脈絡背景中的對話歷程。當此教練歷程需要討論到性時，《不要讓床冷掉——如何成爲一位性教練》一書將告訴你如何朝此方向擴展對話，以協助你的案主。本書有許多案例及解說的資料，帶領讀者進入教練對話，並在這些對話中獲得直率坦白及改變轉換的感覺。

這本奇妙的指南提供讀者所需——合適的、有事實根據的資訊，以及當你眞正在教練案主時在技術上的專業指引。即使讀者並不打算成爲性教練，書中仍有許多你可以學習的課程；不論你是一位教練、治療師或諮商師，本書應在你的書架上出現。無論如何，本書指出一個方向，只要加上進一步的訓練，你就可以成爲一位具有知識、技術、專業訓練且合乎倫理的性教練。

譯者序

在台灣性教育學會擔任性諮商委員會召集人多年，且自二〇〇〇年起在東吳大學心理系碩士班開設「性諮商與心理治療」課程，我一直在找尋新資訊，也經常利用機會進修性諮商／治療之課程，亦曾在杏陵性諮商性治療中心開展性諮商實務，因此對於與「性」有關的資訊及知識均非常敏感，也很注意助人專業在性領域中的趨勢。

我是 AASECT（美國性教育性諮商性治療協會）的資深會員，每月均收到協會通訊（《當代的性》，*Contemporary Sexuality*），報導協會動態、世界各地（當然以美國各州各市爲主）的性學研究、性教育諮商及治療的發展及活動狀態，並不時有專家觀點及研究論文刊登，薄薄一本册子，卻是我定期自修學習的寶典。而佩蒂・布利登（Patti Britton）博士的名字經常在協會通訊中出現，原來她不僅是資深會員，還當過一任的 AASECT 理事長。後來還發現她的性教練辦公室是在加州洛杉磯的比佛利山莊，是位有口碑的性教練。

布利登博士是有國家證照的諮商／治療師，大學原本攻讀教育，研究所畢業獲得公共衛生碩士，博士學位則專攻人類性學。身爲教育家、諮商師、作家、演說家、團體領導者及媒體專業人士，在臨床性學領域中積有三十五年經驗。讀了她的一些文章及書籍後，我發現 *The Art of Sex Coaching : Principles and Practice* 非常有趣，與我的諮商訓練及以往學到的性諮商，有許多相似之處，但也有許多不同之處，尤其是她的訓練及她對性教練的哲學觀點及對人的熱忱與關心，非常吸引我，而她的文筆又是如此地深入淺出，所舉的案例也是很生活化。我告訴我自己，「爲什麼不把它翻譯成中文？翻譯自己喜歡的書籍可以是一種樂趣，將有用的知識與大衆分享則是一個貢獻，何樂而不爲？」

「性教練」是個新觀念，性教練的標準定義尚未存在，但顯而易見地，它源自生活教練（life coaching），不僅陪伴及協助案主開發潛能，能面對及處理其性困擾及性擔心（sexual concerns），也支持及引導他們學習技巧。每一個晤談時段皆爲結果導向的（outcome-oriented），案主透過經驗性的練習會增加其自身愉悅的情欲能量，並深度地與另外一人連結，進入和諧的性關係。

本書前半部介紹性教練的內容及範疇，與性諮商／治療的重疊性與不同點，性教練的養成及原則，布利登博士的背景訓練及個人觀點，以及她進行性教練工作的理論基礎，仔細地說明她受教於大師，如 Marilyn Fithian、Bill Hartman、Albert Ellis、Jack Annon 等人的影響，以及她擷取 John Gray、David Schnarch 及 Carolyn Myss 等當代名家的理論，整理得有系統有條理，不僅提供讀者心理學理論之複習或學習，也呈現了另類心理學的資訊及在生活中之應用。

在本書後半部中，作者就其多年性諮商／性教練的經驗，細分章節地講述常見的男性性擔心及處理之道、女性性擔心及處理之道、伴侶性擔心及處理之道、GLBT 的性擔心及處理之道，另外亦討論到有關醫學及懷孕議題之處理。性教練視個體爲案主，而非病人，不診斷也不會病理化，陪伴案主一起來承認並接納自己的性擔心（原文爲 concern，亦即自己最關切的困擾），並協助案主去面對去處理。

布利登博士強調性教練的目的爲：⑴幫助案主了解自己的性，⑵探討案主本身在性生活及關係中眞正意欲什麼，以及如何讓它浮現表達，⑶教導案主成爲成功的情人，⑷提升案主的性自信、技巧及知識，以及⑸改善溝通技巧，提升親密關係。最後幾章的處理之道就是針對以上目的而設計的。

本書的最大特色是既有理論基礎，又有實務呈現。布利登博士以活潑、溫暖的筆調寫出內幕故事（inside stories），與讀者分享她性教練的一些案例，極爲生活化也故事化，引導性教練／性諮商師如何進入案主的內心世界中同理其痛苦，也教導讀者自案主的角度來思考，如何配合性教練的工作解救自己走出困擾。

除了生動的實例外，布利登博士還設計了幾個家庭作業，教導案主個人或伴侶回家練習，一個比一個精彩實用。因此本書不但是助人專業照護人士（尤其是諮商心理師、臨床心理師）的性諮商／教練寶典，一般讀者亦可一窺心理學及性教練的面貌，了解你我他的性擔心，提昇自己的性學知識與技巧，自己受用，伴侶也受益。

身爲諮商心理學教授、婚姻及性諮商師，以及本書的翻譯者，我非常喜歡這本原文書（由google可上www.personal-coachcinginformation.com網站，布利登博士的這本書名列所推薦閱讀書籍之第一名），因此我強烈推薦對人類的性（human sexuality）有興趣的助人專業照護人士及一般讀者，人手一册，陪伴我們，照顧我們的性，使我們一生受用無窮。

林蕙瑛
民國一〇〇年十月三十一日

致謝

首先及最先，我想要感謝諾頓（Norton）出版社的編輯麥可・邁克甘地（Michael McGandy）。麥可啓發了我共同進行此書的想法，他貢獻智慧於本書的架構、內容及風格，同時也在創意的歷程中展現人道與尊重的方法。總之，在本書編輯期間，他的耐心與仁厚，我永銘在心，當時我的女兒正在與死神搏鬥。令人驚訝的，手稿的編輯成爲我在暴風雨中的錨。我永遠以最高的景仰、尊重及感激看待他。

我要感謝我所有的案主，他們以勇氣、信仰及奉獻出現於我性教練的實務中。沒有他們就沒有這本書。我感佩每一位案主，給了我分享他們療癒旅程的禮物。

我也要感謝我的經紀人潔西卡・佛絲特（Jessica Faust），她是我書籍出版業務中的勇猛戰士監護人。我感謝凱西・魯柏（Casey Ruble），她對這本複雜的書所貢獻的編輯才華與敏銳度。我也要感謝我的同儕，他們在最後關頭，當我在搜尋研究出處時，幫我匯整ASSECT資料，尤其是金・艾爾司（Kim Airs）、瑪薩・寇依（Martha Cornoy）、比爾・凱利（Bill Kelly）、露・佩基（Lou Paget），以及來自德國的賈可柏・派司托得（Jacob Pastoetter）；

概論

關於性的討論到處都有，就像今日書報攤上的色情雜誌一樣氾濫；在美國文化中，性無時無刻都是注意的焦點。女性雜誌中的主題故事或電視節目的笑罵主持人可能讓你覺得每個人都有極棒（且很頻繁）的性。然而你知道眞相嗎？

根據近期可信的統計，對許許多多的男及女而言，「性」是問題多多，且確實令人不滿意的。與從前的世代不同，這些性不滿的人吞藥以獲得勃起，買書學習新的臥房花招，並瀏覽電視頻道和網路，以尋求快速解決的方式。最後，許多人還是得找受過訓練的專業人員協助他們解決性擔心。

假若你是治療師，你的執業可能很艱辛，因爲消費者及保險業者對於談話治療願意付出的金錢不斷下降。不論你是治療師或生活／個人教練，你很可能得很努力地處理案主性議題的複雜層面。但若你不知道如何發揮性教練的功能，你可能無法如你所願地幫助他們。唯有運用性正向（sex positive）、案主中心的、賦權（empowering）的方法，男性、女性或伴侶／夫妻的案主們才能克服其性擔心。

性教練（sex coaching）就是這種型態的方法，它是自教練課程（coaching）發展出來的一個領域。它是克服性的挑戰、困難及問題的另一種途徑。有時，性教練只是給予允許、賦權、重新界定負面訊息或灌輸正確資訊。教練會增強、引導及指引案主至某一結果。截至目前爲止，尚無人撰寫給性教練的具體指南。

本書將會帶領你踏上個人的發現之旅，因爲它會教導你如何成爲性教練。你一定會發現人類在性表達上有許多令人驚訝的層面。而你可能必須面對你從來不知道的，對性行爲的個人偏見。我根據已克服巨大障礙而達到性實踐的案主的眞實故事，隱名改寫組合而成本書的內幕故事，你會發現這些故事令人爲之一振；你會發現某些性教練模式包含特定練習，有助於拓展你身爲治療師或性教練的本領。無論是什麼引導你探討性教練，本書帶給你的收穫將遠比你期待的還要多。

為何現在要有一本性教練的書？

當我與案主說話時，強調我是性教練（sex coach），就表示我使用結果聚焦（results-focused）的方法來幫助他們發揮其性潛能。第一次晤談時，我告訴他們，性教練是跳脫窠臼，綜合教育歷程、家庭作業、戶外教學、儀式及許多其他的資源。我對案主熱情投入此工作的勇氣及膽識感到驚喜。對於他們願意更上一層樓也很感動。當我描述教練一事，我小心地避免治療（therapy）一詞。如果我真用到這個字，他們會嚇得發抖。雖然治療是精神／情緒／生理／心理療癒專業中很重要的一部分，但對於許多消費者而言，卻隱含病理學的意味。

很多新案主來面談時，已經接受過治療，或正在接受治療。然而，許多治療師及教練對於開誠布公討論性議題有矛盾的心理。他們一致盡可能地避免處理案主的性擔心。我無法告訴你有多少案主說，「噢，是的，我正在接受治療，但我們從未討論過性。」即使他們跟著同一治療師許多年了。假如你是個一想到跟案主坦誠討論性就膽怯的專業人員，我們這本性教練的指南可能是協助你幫助案主的終極工具。

為何要將性教練加入你的實務？

你的案主需要幫助。具有指標性地位的一九九九年JAMA研究，宣稱每十位女性中有四位，十位男性中有三位承認自己有性功能障礙。金賽研究中心（Kinsey Institute）近期的數據顯示，他們研究中的所有女性，26％有性問題，通常是典型的醫學模式無法處理的情緒或心理議題的軟性表徵（softer manifestation）。極大多數的女性從未經由性交達到高潮是一個眾所周知的事實。而且新的統計報導，四千萬美國人處於無性婚姻中。即使是威而鋼及它更強有力的表弟，樂威壯及犀利士，也沒能成爲預期中的萬能藥。相反地，伴侶們現在了解到「關係」才是眞正的問題，而非萎靡不振的勃起。他們需要的是一位性教練，而非一張處方箋。

如果你想要進一步的證據以證明有無數的人正在尋求性方面的幫助，看看進帳數十億的成人錄影帶／DVD產業就知道了。一般的伴侶轉向錄影帶及DVD求助，增加性生活的多樣性，或在特定細節上獲得教育成長，像是如何成爲更棒的情人。自助資料的爆炸（包括書籍及網站）顯示出世人對於刺激、資訊及新花招的胃口非常巨大。

人們非常想要性實踐（sexual fulfillment），所以他們願意與能幫助自己的人分享痛苦的眞相。而這個人，就是性教練。

是照本宣科，還是藝術？

啓動性教練實務，或整合該技巧進入你目前的實務，絕不能照本宣科。性教練是一種藝術，較傳統治療模式更具創意且有彈性。本書描述我的教練方法和其他人的方法，各有其獨特的運作方式。有些人主要依賴露骨的身體工作（bodywork），並將手放在案主身上（或裡面），以加強教練體驗。其他人則經由按摩或能量學引發案主的反應。大多數教練則用純談話的方法（talking-only methods）來跟案主互動。

有勇氣、敢爲女性高潮潛能發聲的擁護者。我亦師從於湯瑪士・李歐納（Thomas Leonard），他在他創始的教練大學（Coach University）中創立新興的教練領域，是一位巧思豐沛的大師。李歐納使教練工作結晶成形，使之成爲專業。他的想法、觀點、面質（confrontational）的個人風格，及對於自助、個人成長及創業家精神等根本方法，皆烙印於教練模式中。性教練由此往前又跨了一大步。然而困擾我的是，教練與治療僅有一線之隔。教練始於何處，而治療終於何處？教練如何才能知道何時該停止，並送案主至更有資格的某人處？

對於我個人教練風格最大的影響之一，就是我自己的個人教練，潔柔・李查遜（Cheryl Richardson），她也是知名脫口秀節目主持人溫芙雷・歐普拉（Winfrey Oprah）的生活教練，著有無數有關生活教練的暢銷書。潔柔的方法學及最高個人福祉的哲學期盼令我賦權，她幫助我發現了自己的潛能。她要求案主寫自傳，做爲她初談歷程的一部分，這是項令人怯步的任務！她也堅持案主列出她所謂的容忍之事（tolerations），就是那些人們不得不做、耗竭能量的任務或責任。這方法現在已在教練中廣泛使用。容忍之事可能是一些始終列在待辦事項清單上的事情，像是修理壞掉的印表機、約時間安排乳房攝影檢查，或寫生前遺囑。但它們也可能是很耗竭的經驗，諸如缺乏解決關係衝突的心力，或與伴侶親密時無法有高潮。容忍之事經常是想要而老要不到的，就像在過度忙碌的生活中等待及希望性會發生。使用容忍事項的清單做爲自我練習及給案主的練習。它是強而有力的工具，用來識別可能阻礙你的那些事，然後你才能朝向你的目標往前邁進。

朱利安・柯恩（Julian Cohn）也是我的個人教練，他是教練領域中出色的領導者。他和潔柔一樣影響了我對自己的思考，對於我如何訓練案主，產生深刻的正向影響。朱利安是我的第一個教練，他引導我成爲創業理念者（entrepreneurial thinker），塑造出今天的我。舉例來說，他使用印好的問卷表來引導每一次的教練時段。他堅持我要填完表格才算做好晤談準備，即使只是在腦袋裡看完、想完。他就表格的每一個項目一一與我確認：哪些事我已完成，哪些沒有，哪些正在做，哪些機會懸宕未決，列出數字報告（諸如現金流或面談會面的次數），現階段的目標，以及後續的承諾。朱利安的系統幫助身爲案主的我組織我的思考。

我並未在每次教練時段前讓案主使用這個已建立好的說明與準備的獨特技巧。你可能會想發展你自己的表格當工具，讓案主爲每次教練時段做好組織與準備。我使用一種較朱利安版本更直覺性的方法，因爲那對我有用。在教練時段的一開始，眞正進入工作之前，我會在口頭上與案主一一檢視。我以一張講義來追蹤大部分的時段，或手寫一張索引卡，記載出給案主的家庭作業。當案主回家時，手上提著小袋子，裡面裝滿書、DVD或某家公司要求我測試效果的性玩具，這種情形並不罕見。

朱利安亦是智慧與自信的模範。例如，當他的案主減少時，他反而增加收費，他說，「我的價值提升了，我準備要吸引較富有的案主。」他教練我從基於恐懼的運作系統轉換到基於信心的運作系統，前者是多數人常見的情況，後者是模仿電腦運作系統的一種正向思考模式。他幫助我克服我的恐懼，並有信心，深信我的觀點可以獲得印證。經過一段時間，我的觀點果然獲得印證了。他的教練方法及對我思想歷程的正向影響之巨大，我永遠也說不完。

朱利安還教導我，教練是資源與指南，並非快速解決；教練在宏觀（事情全貌、遠景的議題）及微觀層次（在你的教練時段準時出現）上均需要有個人責任；教練要有自己的待辦事項（agendas），追求自己的目標，且要保持吸引力，勤奮不懈。在朱利安創意十足的教練怪招中，他教導案主要「激發教練的靈感，無論在在順境或逆境中。」我讓我的案主知道，告訴我他們需要什麼，哪些事情進行順利，哪裡感到卡住了，還有分享他們的成功，都能給我靈感，或影響我的教練過程。

我衷心感謝這些勇於創新且鼓舞靈感的老師；他們每一位對我性教練的方法都影響深遠。我們越將前輩的教導整合於自己的教練方法中，我們的工作就能變得越豐富、越眞實。

我的性教練哲學

身爲性教練，我的工作整合了教練與性學的原則與實務。當我開始與案主工作時，我的哲學及風格隨之發展出來。我受過性學訓練，並研究性治療與諮商的多種不同技術（見第二章更多有關的性治療模式），但我從不覺得有任何一種方法能獨樹一幟，當作協助案主處理性擔心的最佳方式。在我私人執業的早期幾年，我了解到教練的宗旨符合我在性治療、性教育及性諮商中發現的理念、方法及態度，我很高興我結合了這些學問。

當我開創自己的性教練哲學時，我在自己最初的小冊子中下了定義：

- 我們全受到愈形增加的性負面文化氛圍所影響。性教練是你分享性正向（sex positivity）、獲得性事實（sexfacts）及慶祝你的性力量的一種方式。
- 性恐懼、無知、混淆及今日我們生活中許多緊綳的壓力正在扼殺性愉悅。性教練提供一個安全的空間，讓你在此療癒傷痛，重新取得與生俱來享受性愛的權利，並爲自己的成功恢復性精熟（sexual mastery）。

在小冊子的下半段，我列出各種性治療方法，還有一些我自己的方法，諸如直覺（intuitive）的使用（在第六章及第七至十二章有進一步討論）。我會與案主一起閱讀這些方法。小冊子包括下列有關型態及方法的資訊：

- **型態**。現今大部分的治療全爲談話。性教練的設計是將心智、心、靈性及身體與特殊的經驗教育相整合。
- **哲學**。以最大的實踐爲目標來提升性；個人的賦權；性正向；經驗性的技術；自在的、療癒的和安全的環境。

- **諮商學派**。整合性的；直覺的；根據證實過的技術，如馬斯特斯與瓊生、哈特曼與費錫安，以及傑克・安南（Masters & Johnson, Hartman & Fithian, and Jack Annon）；整體的，全人中心的（whole-person centered）。
- **個人化的性教育**。特別為你的需要而設計的；精確的，直截了當的，完整的，最新的性健康事實。
- **身體工作的選項**。呼吸訓練；自我檢查；臨床性學的自我檢查；骨盤腔姿勢；PC肌肉發展；振動按摩器技術；高潮引導教練；射精控制。
- **轉介網絡**。心理治療；廣泛的身體工作；醫生及健康照護中心；性強化產品；共同實務工作者，諸如有執照的按摩治療師、代理人、內科醫師及心理治療師。

無論你具有何種專業訓練及技術庫，你一定要擁有轉介網絡。也許案主需要推拿師、婦產科醫師、按摩治療師或印度譚崔（tantric）教師。不論案主的評量及實際教練時段發生什麼事，身為性教練，你一定要整體性地在性教練診間內外提供一系列的選擇。

性教練的未來

雖然性教練事務似乎是新瓶裝舊酒，稱自己爲性教練倒是個新現象。多虧湯瑪士・李歐納及其追隨者所啓發的教練原則及實務，教練制度在美國商業及個人成長的文化中已然成形。期盼性教練成爲另一個途徑，供任何性導向的男女及伴侶尋求指引與方向，解決其性擔心，並從中發現提升愉悅的新方式。

當你擴展你的教練或治療實務時，你可能會決定附加性教練這個項目，或你可能會轉換目前實務，改爲性教練實務。假如尋求個人協助以解決性議題（sexual issues）的趨勢持續下去，性教練的專業必然會成長。

更多相關資訊

身爲性教練，你必須爲案主準備廣泛的資源及轉介庫。不妨從下列清單開始，建立此種資源或轉介庫，這些在小冊子及網站上均有記載。

資源

- DVD 及錄影帶

- 恰當的網站
- 篩選過的書籍
- 性強化物（如陰蒂軟膏、振動按摩器及草本補充物）

轉介

- 醫生
- 精神科醫師
- 心理師
- 按摩治療師
- 營養師
- 推拿師
- 譚崔工作坊領導者
- 健康俱樂部
- 健康食品店
- 健身房
- 瑜珈中心
- 成人娛樂管道

●性商品店

從性教練歷程中提升具體的結果，諸如喜樂、自我欣賞、個人賦權，當然還有更好的性！最後你可以選擇展示案主的證詞，引用眞人眞話。這些永遠都是證實你才能的好方法。

起先我稱我的工作爲性健康與性合宜訓練（sexual health and fitness training），而非性教練。一年之內我就了解到，教練對於我與案主工作風格的影響，這些案主是因爲性議題或性擔心而上門的，而性教練就成了我的招牌。

【第一章】

教練對於性教練的影響

性教練（sex coaching）一詞源自一般的教練專業（coaching profession）。教練和性教練的主要目標是賦權予案主。相較於大多數的治療，教練以不同的方式且加強賦權予案主，這使得性教練在治療案主的性擔心時，與大多數的治療學派相當不同。

教練的基本原則

已故的湯瑪士・李歐納是《隨身攜帶的教練》（*The Portable Coach*）一書的作者，他創辦教練大學，奠定了教練專業的基礎。他所奠定的原則，生活教練（life coach）、商務教練（business coach）或性教練（sex coach）都能適用。教練村（CoachVille）是幾個致力於推動李歐納遠見的組織之一，它提供了以下十五項「教練精熟要點（coaching proficiencies）」：

1. 進行有煽動性的談話
2. 使案主揭露他們自己
3. 促發卓越
4. 盡可能地欣賞案主
5. 激發案主的最佳努力
6. 透過好奇心來引導
7. 確認每個情境中的完美之處
8. 聚焦於最重要的事
9. 俐落地溝通
10. 分享所知
11. 擁護案主
12. 進入新領域
13. 珍視真相
14. 設計支持的環境
15. 尊重案主的人性

性教練使用許多來自教練的這些宗旨：

案主是注意力的焦點

在進行教練工作時，是由案主而非教練或方案，來驅動歷程及決定進步的步伐。案主可能會同意或不同意你的觀察或教練建議。你必須符合他們的條件，並調整指定作業及期待，以符應其配合的意願和能力。例如，你認爲瓊安能在每天早晨上班前琅琅背誦個人的肯定字句（有關改善她與馬克衝突的性關係），但她可能從來沒法撥出時間來念，或者更重要地，她不認同你的信念，不覺得肯定的力量能達成她的渴望。

鼓勵案主建立吸引力

「盡可能讓自己有魅力」是教練的眞言之一。賦權的一個途徑就是將案主自「追求目標」這事上移開，轉向至「努力讓自己變得有魅力」。聽起來像是認知失調（cognitive dissonance），但這是個聰明的人生哲學。什麼意思呢？教練的主旨就是以下這個信念：若你能成爲你能力所及的最吸引人的模樣（身體方面、精神方面、情緒方面、態度方面、溝通形態、協商能力），你終將獲得你想要的。設立目標並努力達成，是推開抗拒的一個過程。另一方面，變得有魅力就是要把自己培養成磁力場。你並非在推，而是在拉。記住電影「夢幻成眞」（Field of Dream）中的名句：「先把它建好，他們就會來。」

賦權是核心重點

值得一再強調的是：賦權案主是所有教練的特徵，包括性教練。

- 教導案主說「不」的藝術。幫助他們設定健康的界線。教導他們要求他們想要的，並區辨想要與需求、偏好或欲求。
- 使用賦權字眼。比如說：「我知道你能做」或「加油！」給予建議時可以這樣說：「你這麼做可以改善……」，並給他們「我在這裡陪你」的訊息。
- 歷程要短不需長。除非他們有很複雜的擔心，盡快讓案主離開你的行事曆。在開始時就計畫性教練的結束。
- 鼓勵接納個人責任。幫助案主了解自由是經由選擇／責任而來。教導他們，「你要對自己的勃起／高潮／愉悅負責。」有如場邊的教練，當他們有進步時要跟他們說。

性教練的基本原則

如我所言，雖然性教練可能是受某些治療學派啓示而來，但它與治療或教育截然不同。它是幫助人們經歷更多（及更佳品質）的性實踐、愉悅與歡欣的一種獨特方式。我喜歡稱以下要點爲性教練的十項基本原則。

1. 性教練工作促使案主朝向未來結果與結局邁進。檢視過案主提供的事實之後，以此爲基礎，決定案主想要成爲、想做或擁有什麼。決定結果的人是案主，而非性教練。
2. 性教練基於案主的夢想、希望、目標及意欲結果，使之正向增強（positive reinforcement）。無論是更強烈的高潮、只想獲得高潮、維持勃起或體驗3P，案主想要什麼都可以。
3. 性教練是引導者（guide）。她幫助案主在思考、感覺及行爲方面克服性阻礙，且在案主想要的任何形式的表達中，打開性能量自由流動的可能性。
4. 案主並非病人。性教練並非病理化的模式。性教練是與案主共同朝向目標旅程上的合作者。性教練的模式是與案主共同合作，甚至參與，而非上對下的關係階層型態。
5. 案主永遠是提供你眞相的人。注意力永遠聚焦於案主的需求，而非性教練。只有當性教練的個人揭露能催化療癒，對案主有益處時，才適合分享。
6. 性教練的工作是短時期的，並非長期治療！部分個案中，案主的擔心在一、兩次簡短時段中就可處理。但其他案主可能需要持續數週，一週一次或兩週一次的晤談，且他們需要足夠的時間做必要的家庭作業。當性教練涉及身體工作，如引導女性高潮的教練，過程可能需要好幾週，如果案主抗拒，不肯在家好好練習，有時得花上好幾個月。

內幕故事：談過兩個時段的男人

彼得來找我是因為他無法與女性做愛。「我有戀物癖，」他說，「而且想到如果女性因為我這可怕的祕密而起反感的話，我將無法忍受。」彼得穿著女性衣服會有情慾的激發。我受過跨性別議題的訓練，因此這並非大問題。

「如果下次晤談，我讓你穿著你的女性衣服來，會不會有幫助？」我問道。他說會的。「那麼我們就能談論你穿女性衣著時的感覺了。而且可能對於你的戀物癖有所幫助。」

彼得提著一個小購物袋到來。他進入洗手間——案主更衣室——穿上女人的外衣。然後走出來：六尺白人男性，全身赤裸，除了一雙十三號的黑色皮靴，而且鞋跟還滿高的。

我微笑，邀請他坐在沙發上（所有案主均坐此處），並流暢地繼續談話。我們什麼都能談。他分享他穿著這種外衣的感覺。他重複地舉高小腿又放下來，這個動作很明顯地改變了他的舉止行為。他看起來相當女性化且不斷微笑。他說了很多關於他的羞慚、不自在及不被女性接受的恐懼。除了裸體穿著高跟靴，整個教練時段似乎相當正常。後來，彼得脫下高跟靴子換上他原來的衣服。他站在門邊有一會兒，然後說，「這就是我來找你的原因。你真是令人驚訝。我感覺如果我可以在你面前這樣做，現在我就能面對其他的女性這樣做了。你沒有害怕，若無其事地接受我的樣子，我現在可以繼續我的人生了。」

我再也沒見過彼得。當我們後來在電話上說話時，我問他是否要訂一次約談。他答道：

「我獲得我所需要的了。我該怎麼謝謝你呢？我覺得一切將會很順利。佩蒂博士，祝福你。」就這樣。

當然，我並不是說像彼得這樣的人第一次約會就穿女性的鞋子不會有問題，不管是裸體或穿著衣服。然而，對於允許及接納彼得先生成為「小姐」，在他個人轉換期間是他最需要的。

7. 「回家功課」一字（homework）應改成「家庭作業」（home assignments），避免任何將性視爲工作的負面強調，因爲性應是玩樂。

8. 性教練是高度實驗性與高度經驗性的。當性教練帶領他／她到其所意欲的結果時，案主會被要求去嘗試新事物。通常只有資訊／教育是不夠的。某些行爲（他們的家庭作業）的演練或重新引導，在成功的性教練工作中是必須的成分。

9. 性教練是療癒過程中的參與者。教練與案主兩方是平分秋色的。當性教練成爲催化者，而非被動角色，教練時段就有了互動。爲了案主的福祉，性教練可以給建議，給意見，甚至與案主意見相左。

10. 性教練通常是裝載案主情緒的一輛車。深層的過往情緒議題並非教練工作的焦點。我們焦聚於現在，以及案主在性方面的定位。有深層情緒議題或童年擔心的案主，經常需要轉介至治療師處。倘若你是受過訓練的治療師，這些層面可以作爲整體照護的一部分來處理。一位女性案主因她無法達到高潮而向性教練求助：她身體中的情緒堆積阻礙了她的高潮。

內幕故事：胸膛有冰河的女人

莎拉，將近七十歲，因多年未有性愉悅來找我晤談。她不記得曾有過真正的高潮。但她最近剛認識一個新男伴，引發了她的浪漫之情，她決心要在性方面開啟自己。她有份兼職工作，所以有許多時間獨處，而她非常想要跨越阻礙、達到高潮。

她陳述她的性史，提到十六歲時曾被強暴。我知道這是她問題的一部分。在對過往簡短的回顧中，她想起了在創傷事件之前，她曾體驗過一些正向的情慾感官感覺。刺激胸部是她性激發（sex arousal）的一部分，但自從被強暴後，她覺得胸部有如堅硬的冰塊，沒有感覺。難怪她沒有高潮。

第三次晤談時，為了要促進放鬆及自我覺察，我使用了一個引導的想像旅程，莎拉進入自己的身體內，勇敢地融化了她胸膛內的冰牆。那天她帶著每天要自慰的作業回家，下次晤談前要做完。三天後她打電話來，聽得出很高興。

「佩蒂博士，」她衝口而出，半笑半哭地，「我做到了！我有了第一次高潮。我繼續做，然後我有了三次！我好興奮。我一定要打給你。」經由性教練工作，莎拉發現了她解放的關鍵，且最終也找到了她的性愉悅。

簡言之，性教練推動／引領／導向案主朝向他或她的結果前進。如同所有的教練，性教練對案主持有正向願景。她可以作爲一面鏡子，使案主達到性愉悅的絕佳目標。

性教練守則

性教練對案主採取主動位置，帶領他們從事角色扮演，爲他們的最高利益設定目標，督促其日漸進步。這不是一個被動的專業！七個關鍵性的性教練守則如下：

謹慎的界線設定

在你和案主之間保持乾淨清楚的界線。你必須看起來端莊性感，表裡如一，外表及行爲不可有挑逗性。不可以與案主同去打保齡球或僱用她成爲你的會計來模糊角色。然而在性教練辦公室或工作室以外的地方晤談（例如陪伴案主去情趣商店）不僅是可接受，通常也是一個好主意，只要你身爲教練的角色仍然明確。

個人揭露

一個傳統的治療師不會向案主揭露任何個人事項，但是身爲性教練，你可以對案主做個人揭露（personal disclosure），如果是自己的選擇。自我揭露（self-disclosure）的藝術與時機非常重要。只有對案主有利才可分享你的資訊，絕對不能是爲了你自己的利益。這可能是你傳送給案主最強有力的資訊——只要你是遵循揭露的不二法則。

自私之教導

當一個人主宰自己的生活時，他必須變得自我中心。這並非壞行爲或弱點。自我中心的人也可以賦權的方式負起責任及有所行動。教導案主：先注意自己，才有能力去注意他人、關心他人。

評量，非診斷

教練評量擔心；治療師則診斷功能失調與問題。你必須熟悉心理衛生議題及疾患；例如知曉長期憂鬱症、邊緣性人格疾患及精神疾患行爲的癥候。要注意你跟案主相處時的自在狀態，並相信自己的觀察（看到的／聽到的／感覺到的）。若懷疑案主有精神疾患，你可能必須終止教練。身爲性教練，你的工作並不提供治療或醫學忠告。

評估，非分析

在與案主的初談過程及隨後幾次定期評量中，你是應評估情況而非分析案主。評估歷程是看待案主的一種較爲中性的方式。分析會較有批判性，並引導你去扮演治療師的角色。假如你是受過訓練的治療師，你也會想要使用那些技術來教練案主。但是兩者不可相混。

正向鼓勵及回饋

你可以恭維案主，只要此恭維是出自肺腑。例如「蘇西，你今天看起來相當放鬆。」「馬克，你今天看起來眞的很帥」，或者「法蘭，你好像瘦了一些，是吧？」身爲性教練，你可以是案主生活中正向回饋的主要提供者，尤其是有關外表。

必有家庭作業的教練時段

每次談話結束時要出家庭作業。在下次晤談開始之時，要求案主給家庭作業的回饋，除非有危機出現。家庭作業可以維持教練歷程之動力，並讓案主與你有責任感。花點時間，與案主一起回顧你要求他們獨力完成的進展，而非如治療師所做的，在晤談時段與案主一起做大部分的工作。

更多相關資訊

一九八〇年代後期，我在ETR公司的HIV／AIDS教師訓練模式課程中擔任全國執行長，這是一個健康教育與訓練公司。該處的輔導教師再三提醒那些訓練師：你必須能夠針對每一個訓練方案創造一個精心的（elegant）設計。他的意思是，所有的方案必須有緊湊安排的待辦事項，有深度且有意義的，朝某一個方向移動，加入許多不同的活動，強調個人成長，包括人文及樂趣的成分——而且能使所有參加的學員均有個人的轉變。這眞是不容易！

當我發現我能夠創造出精心的設計時，我了解到它們可以如何應用於我性教練的工作中。不論是在爲案主建構每週家庭作業，或計畫一個多重月份的方案，我都試著使它精緻簡練。個人化的性教練是獨特及活生生的，因爲它始於精心的設計。

性教練與性治療之差異

有時性教練與其他形式治療之間的哲學差異似乎顯而易見；但有時候也很難區分。即使差異很小，在給性教練的工作下定義時，這差異往往具有關鍵性。茲分述性教練的特性如下，它與大多數的性治療及標準的治療是有差別的：

- 不像許多傳統形式的治療，性教練是現在中心的（present-centered）。教練工作始於現在而朝著將來進行。治療則包括過去。傳統的性治療師會從過去開始，找出爲什麼案主現在有性擔心，而性教練則會專注於目前什麼事不對勁，以及案主如何能夠在明天漸入佳境。
- 性教練是案主中心的（client-centered）。如同將在第二章討論的，在羅吉斯治療（Rogerian therapy）和其他模式中，由案主驅動進程，並決定步驟與步調。
- 性教練是動力性的（dynamic），性教練扮演互動的角色。大多數的治療師不做主動的建議、給忠告，也不會陪案主在辦公室之外展開性的戶外之旅。
- 性教練是一個流動的歷程。性教練行動計畫是一個在進行中的創意工作。
- 性教練是共同合作的，而不是階層性的。性教練和案主（個人或伴侶）在團隊中是平等的。

- 性教練是獨立導向和賦權聚焦的（empowerment-focused）。案主不依賴性教練。在第一次教練時段，教練就要開始幫助案主培養此種態度：「我可以自己做這件事」。
- 性教練是療癒性的，並非病理化的（pathologizing）。有時，性教練會完整地引導案主療癒他們情緒或精神的傷害，而不去標籤它是錯誤、壞的或羞恥的。
- 性教練大部分是認知行爲取向（cognitive-behavioral approach），也會包含一些奧祕的實作。有如烤一個平實的蛋糕，但是加上一些裝飾、水果、巧克力豆等等，而不是火烤牛排或烤鷄。
- 性教練是個人化的教育。並非將案主放在治療方案或理論的框框中，性教練是專爲案主量身定作方案的。
- 性教練是教育心理的（psychoeducational）。它的行動計畫包括心理面或人格面。
- 性教練是創意的行爲治療。家庭作業驅動整個進程。工作室內的教練工作專注於技術培養。音樂也可用來幫助案主放鬆。若有需要可提供免費的十分鐘諮詢。
- 性教練對於晤談時間的長短與間隔可以有彈性。

內幕故事：請當我的療癒者

大衛因一段失敗的無性婚姻而投入療癒，他的動機非常強烈，他問我該如何挽救他過去的失敗。我知道大衛在來找我之前，曾接受精神科醫師的治療。在我們早期的一次晤談中，我問他為什麼不再找精神科醫師晤談。

我以為他可能需要澄清性教練與性治療之間的區別，所以我說，「大衛，我想要確定你了解，我不是心理治療師。我不做教科書式的治療。」

他從椅子上坐直，把手放在顎下，好像在想事情，然後他直視我的眼睛，說：「這就是我來這裡的原因。我也看過其他的治療師，而他們使用教科書的方法。你是一個療癒者。這就是為何我來找你。我想要完整。我知道你能夠幫助我獲得完整。」

我被他的信心與信任感動了，安靜地說，「謝謝你，大衛，你來對地方了。」然後我們就往前進行。

性教練的方法

關於與案主在哪談、如何談及何時談，你有許多選項。傳統的治療方式中，案主不是坐在你對面就是躺在躺椅上，但身爲性教練的你不需受限於基本的辦公室談話。

當面教練

你和案主面對面坐著，是個公認的模式。這或許是最強有力的模式，因爲你是全心投入於案主身上，全神貫注。然而假如受限於地緣條件，那當面教練就不是理想的模式了。

電話教練

感謝現代有電話這個選項可以採用，有些教練可能從來沒當面見過案主！我發現有時候電話教練促進了最深層的工作：案主能夠放膽暢所欲言，因爲你實際上絕對不會看到他。這種匿名性提供了一個自在的軟墊，有些案主滿喜歡的。電話方法亦可以減少案主投入的時間及路途往返之不便。但對於高度情緒依賴的案主則不要使用電話教練，因爲案主很有可能說謊（例如有人隱藏肥胖的問題，而這正是造成性困難的因素），或者有些案主純粹就是不喜歡打電話。

團體時段

團體時段通常是以工作坊的情境進行，可以在任何地方舉行，從咖啡廳到郵輪，我都辦過很多次。我喜歡團體。一個團體的動力，可以將一個安靜的人推向衆人注目的中心，提供支持，而且有時候還能給予突破的勇氣。當然，大多數的團體，尤其是公開的團體課程或工作坊，就無法針對案主提供完整的個人注意力了。

線上教練

電子郵件、即時通、互動的視訊會議，及可以從任何地方連結任何人的網路新科技，使得線上教練成爲一個高度可行的選項。線上性教練才剛剛開始。早期，我是在我的網站提供收費線上約談。我是走在時代的先端！電子郵件及線上報名能夠幫助你發展業務，而且比傳統的印刷媒體或個人網絡，能更快建立起案主名單資料庫。然而，就如同電話教練一般，假如你決定做線上性教練（例如即時打訊息），主持一個現場聊天室或者張貼論壇，或甚至寫電子郵件往返來進行教練歷程，你可能永遠不知道你案主眞正的身分。這是網路空間的一個麻煩。

諮詢專欄及電視或廣播節目

替報紙、雜誌、網站或其他論壇寫性專欄，在電視及廣播節目中當主持人或以定期來賓身分出現，是一個建立性教練品牌的絕妙方法。它也能使你一次就能服務廣大觀衆。你要熟知最新的新聞，而且要能夠當場回答問題。這可能很有壓力，也算是個缺點。

身體教練時段（Body Session）

身體教練時段一定是當面進行。身爲教練，你是一個觀察者，而且經常必須評論或記錄案主的性技巧。在隨後的幾章裡，你會學到更多與身體工作有關的資訊。對部分案主而言，這是你所能給予最強烈且有力的禮物。然而它可能會令你害怕，甚至會汙染你其他的生涯途徑。

專題講座

典型的形式是在一個團體中親自主講。但是你也可以在線上或經由視訊會議舉辦專題講座。專題講座的動力與一對一工作是不同的。假如你喜愛在團體面前演講，這是一個好方法。假如不是，就避開這類的場合。專題講座的一個好處是可以建立你的名聲，尤其如果宣傳得當的話。

遠距授課（Teleclasses）

遠距授課通常是現場的、一小時的時段，可以讓許多聽衆互動對話。這是一個以長途電話爲工具，可以立即連結數千位案主的新方法。它們通常會將課程內容製成 CD，或將現場即時的網路課程放在網路上。遠距授課可以大幅提升你的書籍銷售或者你正在發展的其他產品之銷售。缺點是遠距授課需要精心策畫及廣告（通常在你的網站上），而結果可能是有限的。很明顯地，你必須能夠很自在地在電話上說話，假如你要進行遠距授課。

性教練如何成為一個正向角色模範

性教練與治療師兩者最重要的區別之一，或許在於你參與的程度。治療師並不被期望成爲一個正向角色模範；性教練則是。身爲性教練，你會遇到一些案主令你震驚，即使你自認見過世面。你會經常發現性教練時段中發生之事（且可能從來不會發生在傳統治療中），會將你推到正向角色模範的獨特角色中。例如，分享你案主的經驗（當然是匿名的），能夠鼓勵另一位案主從事個人的冒險，或提供魔術般的允許往前走。如同前面提過的，在教練中，你個人的揭露，可能是最有力的話語。向案主揭露你曾經罹患過乳癌，或墮過胎，或者曾忍受陰道乾澀之苦，可以在你的工作中帶出權威、眞實及熱情。因爲你是親口道出肺腑之言。但我必須提出警告：提醒你的案主保密，不僅要保密他們的個人揭露，對你個人的揭露也要保密。教練歷程一開始，就要強調每一個人安全揭露的法則。

但經由身體教練分享你自己的身體，通常是作爲角色模範的最後一個方法，你的心要夠堅強。身體教練不一定要在你的服務清單中出現，假如它不在清單上也不要有罪惡感。對於這類型的身體示範工作，選擇案主時你保有選擇權。後面幾章我會提到我如何服務案主的小故事，不論有無揭露個人身體來做示範，你會從這些故事中發展出你在工作中能夠做什麼的清楚想法。

當性教練工作變成生活教練工作

偶爾，性教練的案主會在性擔心解決之後還繼續留著。有時候焦聚已以一種微妙的方式從性這件事轉移了，而你當時並未注意到。往往你發現時你已不是這位案主的性教練了，你變成了生活教練。

要在此之前決定自己是否要做生活教練。許多書籍和良好的訓練方案（見附錄E）能幫助你爲這項工作做準備。你可以閱讀《治療師爲生活教練》（*Therapist as Life Coach*），這是助人專業的最佳書籍之一。我提供生活教練給長期案主，我替他們做不定期的生活檢視（性及一般事物），但我目前並不提供這些服務給新案主。

更多相關資訊

這裡有個有趣的方法，可以用來記住你身爲性教練（SEX COACH）所扮演的角色：

S表示聰明（smart）、性正向的（sex-positive）、具資訊的及快速的學習（study）

E表示在性方面有經驗（experienced），且受過訓練，能討論性擔心

X表示能辨識及處理許多性擔心的專家（expert），並能對所有形式的性表達（sexual expression）保持開放的心態

C表示對你的案主有同情心（compassion）

O表示對案主在合理界線內或期待中任何想做之事呈開放態度（open）

A表示積極（actively）參與案主的歷程

C表示承諾全心投入於（committed to）案主之最高福祉

H表示對於案主的成功保持（holding）較高標準

搞懂它！

1. 教練中有哪三個因素可以將之良好整合至性教練？
2. 討論你認爲賦權對案主最大福祉的眞正意義爲何。
3. 自本章中你學到哪些忠告，及與案主工作的方法？

【第二章】

奠基於性治療模式的性教練

我自好幾個學派中採用了不同的模式及方法，使用於理論及實務兩方面，創造了我自己性教練的方法學。我在這方面的技巧受到不同學派的性治療、教育及諮商之影響，用以協助案主解決他們的性擔心，並達到他們的終極性目標。這些學派包括認知行爲、理情（rational emotive）、行爲、精神分析、語音對話（voice dialogue）、完形、直覺及自我狀態治療，和一些非傳統的學派。

本章列出我的性教練方法所奠基的各種方法學，包含臨床性學、傳統治療、新時代哲學及自助治療。我希望此基本架構能幫助你創造你自己的個人風格。

臨床性學（CLINICAL SEXOLOGY）

根據舊金山人類性學高級研究學院（the Institute for the Advanced Study of Human Sexuality, IASHS）的創始人及院長泰得・馬依文納（Ted McIlvenna）的定義，性學是人們在性方面所爲、所思及所感覺之研究。有訓練的性學家不會將「性」病理化。此學派不只包容，而且贊成所有雙方同意的成人性行爲。事實上，性學是用來提升性的，只要不是錯誤的、暴力的或虐待的。

受過訓練的臨床性學家名符其實地在其位工作的很少。很多自稱性學家者的人來自其他訓練學派，如社工、按摩治療、心理學、社會學及醫學。通常他們在性學方面唯一的教育或訓練，只有一、兩門大學部課程或一個週末的工作坊。我的教練哲學則是基於純正臨床性學觀點。

更多相關資訊

成爲性學組織會員並獲得認證，能增加你身爲性教練的信用。下列組織致力於確保性學領域的品管：

- 美國性學理事會（American Board of Sexology, ABS）：他們以授予文憑廣爲人知，此認證在性學領域中很受重視。
- 美國臨床性學家協會（American Association of Clinical Sexologists, AACS）：ABS的姊妹組織。
- 美國性教育師、諮商師與治療師協會（American Association of Sexuality Educators, Counselors and Therapists, AASECT）：對於成爲性教育師、性諮商師或性治療師的認證有嚴格的守則。
- 美國性學家學院（American College of Sexologists, ACS）：最爲人所知的認證團體。其大多數會員爲人類性學高級研究中心之畢業生。

所有認證的要求均張貼在各組織的網站上（見附錄E）。

SAR 歷程（the SAR Process）

一九六〇年代於 IASHS 所發展的性態度再評量／再調整／再架構（the Sexual Attitudes Reassessment／Readjustment／Restructuring，簡稱 SAR）的歷程，是自我覺察、學習及成長之體驗模式。SAR是設計來幫助在性學領域工作的專業人士改變態度，他們才能包容及接納各式各樣的性行爲。對許多參與者而言，那可以是且已經是改變生活的一個歷程。

此多面向、多媒體、多層面的SAR歷程，至少需要一個週末連續兩天的課程。在IASHS的課程歷時六十小時（六天每天十小時），包括人們不同生活方式的個人分享、影片、錄影帶、DVD等，都是有關性行爲的各方面，亦有密集小團體活動。在AASECT年會中，SAR歷程的要素是以短期工作坊來進行，或每年不定期由那些少數合格的SAR帶領人在他們私人的工作坊中教導。

SAR歷程的要素包括以下：

處理你內在的東西

以體驗爲基礎的練習，幫助你走出僵化想法並進入心中（例如感覺）。你也得發展出眞實的自我（authentic self），去除一直阻礙你看到眞正自我的否認。

聆聽眞實的故事

傾聽眞人述說他們的性故事會幫助你擴展思考，並幫助你去贊同其他的性行爲，克服你對這些行爲所感到的痛苦、不自在、曖昧不明或厭惡感。在一九八〇年代後期的一期SAR課程中，我聽到一個由女轉男（FTM）的變性人說，他是個有著小陰莖形狀的陰蒂的新男人；我看到一位繩索大師親身示範性虐待被虐待（sadomasochistic, S & M）；還聽到愛滋病患者令人心痛的告白（PWAs ,persons living with AIDS）。你聽到越多其他的觀點，你就越能開放你的觀點、感覺及價值。

嘗試一下

體驗不同層面的性，可拓展你個人的自在區域，並協助你突破個人的界線。經由實驗，你會有所發現及有所啓示。在 IASHS 的 SAR 訓練中，參加者可能是裸體的，且可能要碰觸別人或被別人碰觸（獲得允許的）。

結交同好

去認識具有性包容觀念、可作爲正向角色模範的各種人士——你很可能在 AASECT 及 IASHS 遇見這樣的人。找機會去與跟你的性生活方式不同的人社交。參加由性解放者及性改變機構所舉辦的課程與工作坊；盡你所能與參加者對話。

注視與觀察影片

性影像飽和（sexual image saturation）是週末 SAR 歷程的一部分。Fuck-O-Rama，同時演出超過二十四部性露骨的影片，是一種全神貫注的經驗。此種經驗強迫你去面質你的偏見，改變知覺，並帶你脫離批判心態，因爲感性已進入你的理性。多觀賞有線電視中的素材、DVD 及錄影帶，你能消除你自己的偏見、假設及障礙，而去了解其他形式的性表達。

SAR 歷程幫助你了解及接納人類的性的範圍有多麼廣大。「唯一不自然的行動就是無法操作的行動」，這是莎薇雅・拉荷蘭德（Xaviera Hollander）電子郵件上的句子，她是性教育家，閣樓雜誌專欄作家及性權擁護者。

PLISSIT 模式（PLISSIT Model）

傑克・安南的 PLISSIT 模式是對我性教練方法貢獻最多的性治療模組。我採用它於我的 PLISSIC 模式。茲列出綱領：

P：允許（Permission）

允許，是你能夠給案主最大的禮物（或任何人）。就是准許他們成爲他們是誰，去做他們想做的，以及表達他們性潛能之完整性。有些案主可能只需要一次晤談，來獲得他們從未獲得的允許。允許亦是與案主的所有工作的第一步。

LI：有限的資訊（Limited Information）

有些案主想要澄清一個混淆的議題，獲得某一性擔心的特殊資訊，或甚至去重新架框／肯定他們已經知道的。假如這是案主前來的原因，你可能在LI階段就停止，因爲他已經獲得想要的資訊。

SS：具體的建議（Specific Suggestions）

若資訊或澄清仍不足夠，性教練眞正始於具體的建議（SS）。給案主引導的歷程、練習及活動，讓他可以帶回家當家庭作業或在晤談時段中進行。這些練習可以成爲療癒或個人改變的主要力量。

IT：密集治療（Intensive Therapy）

在安南的模式中，此層次稱爲密集治療（IT）。我喜歡稱它爲密集教練（Intensive Coaching, IC）。擁有廣大轉介網絡是非常重要的，這樣才能滿足不同案主的獨特要求。假如你是一位訓練有素的治療師，可以因案主需要治療而扮演治療師角色。假如你不是，請轉介出去。

馬斯特斯與瓊生

性學研究家威廉・馬斯特斯（William Masters）與維吉尼亞・瓊生（Virginia Johnson），他們於一九六〇年代在密蘇里州聖路易市的診所做的性治療，一向被認爲是先驅性的。他們發展了「感官專注」（sensate focus），這是治療技術的基本方法，可以改善伴侶之間的性。在他們的實驗室中，使用生理及機械的方法來測量、記錄及報告人類的性反應，他們將性反應的週期分爲四階段，且以計算收縮次數及測量兩次收縮間的間隔時間來描述高潮。

他們禁止案主在治療開始時從事性交，而是教導他們使用感官專注技巧，他們必須全心專注於被碰觸的愉悅。延遲性交，通常是恢復性功能及解決伴侶性擔心的關鍵手法。

後來海倫・凱普蘭（Helen Singer Kaplan）接受馬斯特斯與瓊生的訓練，在性反應階段之初加上了性慾期。如在第七章及第八章中所討論的，低性慾或壓抑的性慾是女性最常見的性擔心，且有這樣的擔心的男性也逐漸在增加。

哈特曼與費錫安

當我在一九八〇年代後期讀書時，瑪麗蓮・費錫安（Marilyn Fithian）及比爾・哈特曼（Bill Hartman）在IASHS演講，他們描述他們如何補充了馬斯特斯與瓊生的性治療模式，整合更多的感官碰觸並延長「駐地課程方案」（the residence program）。我在哈特曼與費錫安於加州長堤的診所裡，聽到參與者述說他們體驗到的個人轉變的故事，深受感動。在兩週的密集駐地課程方案中，他們執行了對伴侶的廣泛測驗及評量，並協助伴侶／夫妻經由繪畫活動、身體形象歷程、教育影片、身體碰觸練習（自輕度愛撫提升至完全的性交換）及性功能訓練，尤其是勃起／射精控制，改變其性生活。

我許多性教練的工作是因哈特曼與費錫安模式得到靈感。在第九章伴侶的性擔心中，你會讀到相關技術——如對自己及伴侶進行手愛撫（hand caress）及個人情慾繪畫（personal erotic drawings）——在性教練中如何用在真正的伴侶們身上。

傳統治療（TRADITIONAL THERAPY）

以下爲特別影響我的傳統治療模式的集錦。我一直試著去捕捉每一模式的精髓及細微之處，來說明他們有何差別，及對我的性教練方法有什麼貢獻。

史納克模式（the Schnarch Model）

《熱情的婚姻》（*Passionate Marriage*）作者大衛・史納克（David Schnarch）是傳統心理分析的領導者，也是極受歡迎的性治療師／作家。他性治療的方法，是將每一件事都視爲親密議題來治療。倘若性出了問題，問題出在於一方（或雙方）伴侶沒有能力包容親密。根據史納克的理論，眞正的親密需要情緒勇氣（emotional bravery）以維持情緒親密的高漲狀態。我曾參加史納克及其妻露絲（Ruth，亦爲治療師）的工作坊。我最生動的記憶是他們堅持伴侶學習開著燈做愛。這不是爲了情調，而是因爲他們使用引導的治療模式，必須開燈以帶領案主透過許多密集的步驟去面質他們親密的能力。雖然我不同意每一個性問題都是親密的問題，我也自史納克模式採取了一些精要。如果我沒有學過這個方法，我就不會像現在如此直接地去面質一些案主。

理情行為治療（Rational Emotive Behavioral Therapy）

無數書籍的作者及性教育與治療的老祖宗亞伯特・艾里斯（Albert Ellis），發展了認知行爲技術中最廣泛被使用及可信賴的方法之一。我參加他在紐約市的一些課程及示範，且與一位伴侶一起與他做過兩次個人治療，自這位專家身上學習第一手經驗，如何整理我們腦袋中的認知垃圾，然後精熟對於自我貶抑批判（self-deprecating judgments）的面質技巧。艾里斯與其他先驅者主張的「思考導致感覺，感覺導致行爲」，影響了性教練。蓓蒂・道生及本書隨後將討論的喬・克萊馬（Joe kramer）亦受惠於艾里斯。雖然他們強調的是身體工作。

我在教練案主時使用理情行爲治療（REBT），幫助案主整理出他們所想的，及他們對自己及伴侶認爲應該之事——幫助他們重新引導思考，可促成情緒及行爲之改變。REBT 使用書寫（writing）及自我對話（self-talk）兩種方式。經由白紙黑字，案主看到他們的內在對話如何對一個人、一件事或一個情境產生感覺。然後他們可以改變對話，跨出將自己自侷限的觀點中解放出來的第一步。

更多相關資訊

當有人告訴艾里斯，自己（案主）的伴侶應該以某種方式反應，他問道，「她爲什麼應該？」從以下的故事，你可以看出這個問句的力量。

約翰希望他太太艾曼達能夠更常主動求歡。他並未告訴她，自己想要對方主動示愛，當她沒有主動求愛時，他就覺得自己被拒絕，因而躲進沉默中，寧可看電視而忽略老婆，她當然也就變得退縮。

教練使用 REBT，協助約翰了解自己的想法：「她應該想要跟我做愛。」教練讓約翰問他自己，「爲什麼她應該？」

於是約翰放掉他的期待，亦即艾曼達應該如此想／感覺／做。然後他改變他的行爲，與太太在晚餐時間聊天，餐後喝咖啡的時間也拉長了。他對她顯露更多感情，包括有情慾的碰觸。於是，就在她身上創造出他渴望的情慾了。

完形治療（Gestalt Therapy）

由費茲・波爾斯（Fritz Perls）所創立的完形治療，是個人成長最受歡迎的心理動力方法之一。完形聚焦於現在及整個人——如同卡爾・羅傑斯（Carl Rogers）所發展的治療學派，允許案主去引導治療。一個完形治療師會問，「現在怎麼了？」而不是「你五歲時你母親在做什麼？」

治療時，性教練或治療師協助案主讀到自己身體所表達的線索。例如，當一位女性不停地絞著雙手，談論母親是多麼令她焦慮時，她眞的有可能想要絞斷她母親的頸子。一個婦女談到跟丈夫的衝突時一直在踢腿，她是眞的很想將他踢出家門。呼吸技巧亦可幫助案主接近那些情緒並處理它們。空椅技術（Gestalting it out）是釋放並表達情緒的一種雙椅練習。例如，一位案主想像她父親坐在空椅上並和他談話；然後她兩個椅子輪流坐，完成長久以來未完成的對話。完形治療師是身體閱讀者。我在教練時，也閱讀案主的身體語言。告訴他們我所看到的，通常會比問問題能更快打開情緒之門。

自我狀態治療或交流分析（Ego States Therapy or Transactional Analysis）

艾瑞克・伯恩（Eric Berne）於一九五〇年代所發展的交流分析（TA）——關係動力之分析——因兩本書的出版而普及流傳：伯恩在一九七〇年代的暢銷書《人們玩的遊戲：人類關係心理學」（*Games People Play: The Psychology of Human Relationships*），及湯瑪士・哈里斯（Thomas Harris）的《我好，你也好：善用人際溝通分析，保持最佳心理定位》（*I'm OK, You're OK: A Practical Guide To Transactional Analysis*）。根據TA，當與他人有關連時，我們總是處於三個自我狀態中之一。

- 父母親自我狀態（Parent Ego State, P）。其變化形式爲：1. 批評的父母。經由負面自我談話，批評他人或自我；批評的父母會說「我／你不能」。2.滋養的父母。很有幫助的、有愛心的給予引導和支持性的自我談話；滋養的父母會說「我／你能」。

● 成人自我狀態（Adult Ego State, A）。成人給予資訊，並對能／不能做的事情保持中立。

● 孩童自我狀態（Child Ego State, C）。孩童可能是適應的、依賴的，而且沒有界線，沒有自我認同或需求，像好女孩。孩童也可能是生氣的且傾向於外顯的，像壞男孩。或者孩童可能是自由的。在性中，你的一部分以自由小孩的面貌出現。

在浪漫之愛的早期階段中，我們的關係傾向於孩童遇見孩童（C-C）。過了一段時間，夫妻往往不經意就滑入**P-C**關係，充滿了怨恨，而非性遊戲。然而**A-A**連結亦會殺死性慾，這對夫妻分享每日新聞報導並回顧做了多少家事，如此一來熱情、情緒及親密就缺乏了。瞭解了這三種狀態後，卡在不良關係動力中的案主們便能認識並接納他們主要（或其他）關係中的自我狀態模式，而受益至鉅。

更多相關資訊

大多數治療師的治療方法，是以他們自己在治療中的經驗爲基礎。一九九〇年代後期，接受治療並不是一件你可以跟人討論的事，你若能找到一個懂很多技術的高明治療師，算是幸運的。那就是我早期接觸治療的時代，而我是幸運的。在我丈夫爲了他的祕書離開我之後，我尋求協助（眞是陳腔濫調！）。沒想到，離婚竟是最棒的禮物。在治療中，我修復了我失去他的感覺，詳細探討了原生家庭議題，辨識出我毀滅性的行爲模式，並撕毀我的錯誤信念系統（見鬼了）。

我第一次的治療來自兩位思想開放、愉悅幽默的修女。她們的治療計畫包含了完形與交流分析。我繼續與她們的高徒晤談，她介紹我去參加神經語言方案計畫，這三種模式影響了我自己的性教練風格。

主動對話技巧（Active Dialogue Techniques）

此技術源自完形治療之「空椅技術」。案主啓動與一個造成他情緒或心理痛苦的人對話（或更多的人）。案主也可能致力於與他自己的幾個部分對話，例如，他內在的批評之父母，及他的滋養之父母。通常案主會想像對方坐在對面的椅子上，向他說話，然後從自己的椅子移至另外一張椅子上，並使用不同的聲音說話，假裝是那個人在房間裡。對話是一個有用的技術，可以找出內心負面或衝突的訊息。這些說話的角色幫助案主學習如何平衡正向和負向訊息，使他們能夠了解過去的訊息對現在的生活有多大的影響力。

當我爲那些被內在負面訊息阻礙的案主諮商時，有時會簡短地使用這個方法。

神經語言程式化（Neurolinguistic Programming）

這是行銷部門廣泛使用的一種解碼溝通形態之工具，神經語言程式化（NLP）也是一種受歡迎的方法，用以了解個人溝通形態，與了解後所改變的行爲。有些案主總是與伴侶爭論誰說了什麼／意指了什麼，我就會使用此模式於他們身上。NLP協助案主對同樣的老問題、老話語創造新的反應。特別的NLP技術也能讓充滿痛苦的過去事件，在記憶的重要性中逐漸減輕份量，同時也改變現在的思考和感覺模式。

我經常使用主要模式測驗（the Primary Mode Test）於案主身上，幫助他們學習他們的主要溝通型態，到底是視覺的（Visual, V）、聽覺的（Auditory, A），還是動覺的（Kinesthetic, K）。幫助案主發現他們平常如何說與聽（或溝通），他們就會明白怎麼使自己說與聽的型態較易被伴侶了解，且也更了解伴侶。改變溝通型態經常會改變伴侶的動力。合適的時候，我會整合一些NLP技術至性教練中。

在一九八○年代早期，我有幸參加第一個火上行走課程：將你的恐懼轉爲力量的全天工作坊，這是由著名的動機激發領導人和NLP訓練大師安東尼・羅賓斯（Anthony Robbins）催化而出。這個經驗啓發我去穩固自己的方法，去教練那些逃避改變、總是依賴「我不能」的藉口的案主們，每當我告訴他們，自己曾光腳在十呎長的燙到足以把鋼鐵融化成液體的火床上，通常會吸引他們的注意。「當我到達火床的另外一邊，」我說「我感覺到一種難以抑制的悲傷，過去的我居然找這麼多藉口而錯過生活中許多事情。行走於火上讓我看到，我絕對不可能再回到從前生活的老方式。我的生命從此自無止盡的藉口中釋放出來。假如我可以在火上行走，我就可以做任何事情。」當我講完這段故事，案主通常微笑，微微蹙額，然後吸一口氣，這表示他們已經了解了。他們不需要自己跨越炙熱的煤炭。我的火上行走幫助他們放掉自己的藉口，並決定在他們個人的火上行走。

更多相關資訊

我們每一個人都有一個主導的主要型式——視覺的、聽覺的或動覺的。當某人以視覺爲主，他會基於他所見的景象，以淺白的表達形式來觀看、理解（see）及說話，如「我了解你的意思。」（I see what you mean.）假如他的伴侶是聽覺爲主的，他們可能會面臨溝通衝突，當他說「你穿連身內衣看起來很辣」，而她則渴望聽到「我好愛你跟我講話的樣子！」以動覺爲主的人們則必須先感覺到每一件事，不論是碰觸或情緒。不妨測試你的案主（或請人測試你），方法如下：請對方回想一個記憶，觀察他眼球移動的方向，便可評量正確的主要形式。要求案主去回想一個事件，例如：「弗萊德，你和拉爾弗是何時認識的？那天情形是怎樣？」他的眼睛會往三種方向中之一來移動：向上看，表示是視覺的；向旁邊看，表示是聽覺的；向下看，表示是動覺的。這個測試雖然不是萬無一失，仍可以準確地指出個體的主要模式。一旦你淸楚了他們的模式，請與他們分享，並開始聚焦於允許案主提出討論，此模式能如何幫助他們達到目標。身爲他們的性教練，你可以把他們的主要模式整合到你的語言中，像這樣回應他們：「我有看到……」，「當你……時我聽見了」，或者「我感覺到那對你而言一定是很困難的」。

全人的／新時代（HOLISTIC／NEW AGE）

新時代的各種哲學經由書籍、錄影帶和電視的助力，已經大大地強化了今天我們所知的療癒藝術。以下是新時代科技各方面的簡略介紹，如身體工作實務，以及長期以來影響我思考的一些作者的簡介。

奧祕的模式（Esoteric Models）

奧祕的治療往往根植於能量流動和療癒中，像古代的針灸藝術。卡洛琳・蜜絲（Carolyn Myss）致力於現代能量療癒，讓我了解如何透過能量醫學療癒過去。我參加過她的工作坊，她最近出版了《性合約：喚醒你神聖的潛能》（*Sexual Contracts: Awakening Your Divine Potential*），這本書內容深奧，可以讓我們了解生活中原型的權力（power of archetypes）。蜜絲的書和錄音帶是我常出借給案主的藏書之一。

艾克哈特·托勒（Eckhart Tolle）在其暢銷書《修練當下的力量》（*The Power of Now*）中呈現類似的療癒方法。其中心思想是性教練的核心：聚焦於現在而非過去或將來。在奧祕的療癒模式中，偉恩·戴爾（Wayne Dyer）也是鼎鼎有名的一位。他的書籍、錄影帶和錄音課程（見附錄E），教導人們個人的成長動力及高層次的療癒要素。在教導案主時，我經常使用他的CD課程。

身體工作（Bodywork）

身體工作方法是以釋放堆積的情緒而聞名，包括羅夫按摩治療法、費登奎斯肢體放鬆方法、亞歷山大技巧、崔格身心整合（Rolfing, Feldenkreis, Alexander technique, Trager）等等。除非你受過此種身體工作訓練，不然請轉介案主給有執照的實務工作者。對於因性擔心而非常緊張的案主而言，許多形式的專業治療碰觸是很有幫助的。你可以選擇水療、另類治療中心、有執照的獨立按摩師及身體工作治療者，按摩的歷史與範疇在我的書《感官按摩愚人指南大全》（*The Complete Idiot,s Guide to Sensual Massage*）中有討論。

在療癒性擔心時，身體工作最有爭議性及誤解之處，就是性代理人的使用。國際專業代理人協會（The International Professional Surrogates Association, IPSA），由維娜・布蘭查（Vena Blanchard）在洛杉磯創辦，一直在教導合格的代理人，提供身體對身體的技術給案主，最好在一個受過訓練的臨床性學家的照護之下進行。代理制度不是娼妓制度，代理人的使用在性教練課程中可以是最強有力的成分，假如案主沒有技巧且單身，在一段無性的關係中，或者性技巧差勁時。通常，案主是男性而代理人是女性，但是也有一些男性性代理人與女性一起工作。

療癒藝術（Healing Arts）

療癒藝術越來越受歡迎。你得熟悉你社區中可獲取的資源，並且只推薦你感覺是對的資源。當你給予建議和轉介時，案主會告訴你，他們會接受或不接受。

我會轉介某些案主到療癒藝術的工作坊，包括靈氣能量工作、消除疼痛控制治療、情緒／靈性淨化、符號學、營養諮商、身體排正調整（body alignment）、薩滿能量閱讀（shamanic readings）、源自美國原住民的動物醫藥（Native American sources for animal medicine）、占星學、數字學、命理學、祈禱圈、女神崇拜、花朵能量（巴哈花精療法或其他活化精華）、唱歌、瑜伽、冥想等等。另外，我會推薦一些療癒產品，如岩石、水晶、精油、儀式性物件、西藏鈴或缽、風水、草本性強化物及類似醫療的偏方。如果你能的話，在你推薦它們給他人之前，研究這些產品並使用看看。

自助治療（SELF-HELP THERAPY）

自助資料和資源的爆炸性，讓我們有太多選擇。我擷取了部分自助的潮流和一個特殊的現象，亦即約翰・葛瑞的模式（John Gray's Model）來說明今日性教練所受的其他重要影響。

葛瑞的男／女溝通模式（Gray's Model for Male／Female Communication）

約翰・葛瑞的火星／金星書籍，全世界已經賣了幾百萬本。他改變了現代人的思維。他這本開創性的著作《男人來自火星，女人來自金星》（*Men Are From Mars, Women Are From Venus*），改變了我們對性別鴻溝的了解，而且療癒了由鴻溝所造成的男女間的痛苦。

葛瑞深深地影響了我教練有關係動力議題（relationship dynamics issues）的個人或伴侶的方式。我很幸運能受教於他的密集專題講座，且在他的兩項課程中受訓。我向案主解釋，當男性生氣時，他們試圖克服痛苦卻不談論它，而女性則如同葛瑞所言，她們拿起電話沒完沒了地訴說煩惱。當然這並非百分之百適用在每個人身上，但這是一個意義重大的眞相，在衝突中，男性逃避而女性訴苦。

我經常使用一個葛瑞的教導方法，就是他精熟的情書技巧（Love Letter technique）。我最初是在葛瑞於一九八三年的心之專題（Heart Seminar）講座中學到的。它突破家庭關係的阻礙，在我父親的餘生中，改善了他與我的關係模式。眞是幸運！我也自學習憤怒歷程（anger process）而受益，而且我經常教練伴侶們去嘗試它。經由此歷程來淨化和療癒，安全地釋出他們堆積的憤怒和怨恨。

自助書籍、錄影帶及DVD（Self-Help Books, Videos and DVDs）

美國一直都是一個自助的文化，而且網路使得人們購買性方面暴露的教育資料更容易。這是一個急速成長的市場，你需要在推薦它們之前先回顧或至少瀏覽這些產品（並非所有的產品都一樣好）。閱覽附錄E的書籍、錄影帶、DVD、網頁和其他自助來源的詳細清單。

當今是個各種忠告建議滿天飛的年代，但這些建議所帶來的混淆困惑也不少。媒體扭曲了性的事實，比如色情錄影帶（及主流影片）裡的女性可以快速到達高潮，女性雜誌老是刊登教人七個簡單步驟就能恢復激情的過度樂觀的文章。你可能會注意到男性雜誌中性自誇者侃侃而談，而其他媒體裡，從《我們》（*US*）和《人們》（*People*）雜誌，到「今夜娛樂」（Entertainment Tonight）電視節目裡充斥著名人的性故事，可是都是假的。怪不得許多人需要去找一個他們能夠信任的眞人，面對面地給予他們性擔心的忠告。大多數案主有性的資訊，但他們可能需要你幫忙區別迷思與事實，而有些人可能迷失在過多的資訊中，他們要如何從性資訊的垃圾堆中挖到黃金呢？他們來找你，因爲他們需要一位性教練來幫助他們做這件事。

十二步驟模式與方案（12 Steps Models and Programs）

最成功的有治療性的（therapeutic）——但不是治療（therapy）——方案之一就是十二步驟模式。十二步驟方案是免費的而且很普遍的。你甚至可以在出航的郵輪上找到爲不同成癮而設的十二步驟課程！此運動開始於一九五〇年代爲酗酒者而寫的《大書》（*Big Book*）。現在，數以百萬計的人用這些步驟來幫助他們，療癒因藥物濫用至賭博等許多問題所引起的傷害。

我發現這些方案之中有一些如飲食疾患、飲酒及藥物等，可以與性教練歷程做健康的連結。我尤其相信匿名互相依賴方案（Codependents Anonymous, CODA）及酗酒的成人兒童方案（Adult Children of Alcoholics, ACA）幫助人們在親密關係中設定健康的界線。

身爲性教練，你爲何需要知道十二步驟方案呢？你會發現，幾乎不可能去教練酗酒者／成癮者或酒精／成癮者之伴侶，他們需要外來的協助。堅持你的案主尋求這樣的協助，假如十二步驟方案可以符合其需要。

性愛成癮匿名團體（Sex and Love Addicts Anonymous）是在做些什麼?第十一章將討論這有高度爭議性的性成癮觀念。身爲一位性學家，我不認爲成癮是強迫性性行爲狀態的正確定義。

總而言之，你可以自由地選擇與你自己的訓練、信念系統及自在領域一致的實務哲學與學派。當你發展你的性教練風格時，可以整合許多治療模式，或僅是整理你已經完全發展的方法以使性教練精熟。這是在你的調色盤上調和顏色，加上一些新的顏色，然後使用不同的畫筆、以不同的畫法來獲得想要的效果。記住，把性教練當成藝術，是表達你獨特風格的重要關鍵。

搞懂它!

列舉可能影響性教練的三種治療方法並各說出一個重點。

1.

2.

3.

現在以一個句子寫出當你閱讀其他治療模式時，何者最能影響你的思考?並討論它可能如何影響你獨特的性教練風格。

第二部

成為一位性教練

【第三章】

自個人層面自我準備

當你準備要成爲性教練時，你是否準備要去做一些個人的發現？我希望如此，因爲你對自己的了解將會啓發及照亮你的生涯途徑。你是什麼樣的人將會決定你如何去教練案主。

有位案主曾經告訴我：「我跟一個人在一起時，是個什麼樣的人，就是我跟每一個人在一起時那樣的人。」我認爲這是古老音樂副歌的一個很有趣的改編：「我要做我自己！」如同我曾經說過的，我的教練風格是將其他教練模式及治療方法混合的個人化風格，你的也將是如此。這也就是爲什麼你得培養你的態度，刷新你的思考，並在你覺得對的及他人如何做之間做必需的區辨。

這些區辨是教練的指標之一。當你閱讀時，想像你如何對待我們討論的每一個主題。你怎樣以你的敏感性注入每一個教練狀況？承擔另外一個人最私密的擔心，需要一個很特別的人。假如性教練眞的是你想要做的事，我希望本章能夠給你資訊、靈感和勇氣去成爲一個很特殊的性教練！

教練的個人準備包括以下步驟：1.學習適合教練的使用語言及專有名詞的三個層次；2.發展你對於性事所有層面的個人自在感；以及3.了解人類性行爲及性表達的全部範圍。

性語言（SEXUAL LANGUAGE）

性語言的三個層次爲：

1. 醫學／臨床（通常是拉丁文）：如陰核、陰道、陰莖、男對女口交（cunnilingus）、女對男口交（fellatio）。
2. 中性：例如愛之鈕（love button）、運河（canal）、成員（member）、對她口交（oral sex on her）、對他口交（oral sex on him）。
3. 俚語：如私處（clit），穴（hole）、鷄巴（cock）、品玉（eating it out）、吹簫（going down on）。

一位性教練必須接納各式各樣的性語言，才能有效地工作。有些案主使用一、兩個層次的語言；其他案主則三個層次都用。你必須要有個安全的容器來裝他們所有的表達，不論是口語或非口語的。比如傑克告訴你有關他的軟陰莖，你如何回應將會催化他的療癒。假如你以厭惡或羞慚的字眼來回應，你無法向案主隱藏你的感覺。我通常重複案主使用的字眼，先以中性字眼開始，然後重複他們的語言。這方法能幫助你了解案主的狀況，並且繼續聚焦於他們的需求而不是你的需求。

獲得豐富的性字彙

學習性的語言似乎是一個嚴峻的挑戰。我深信笑聲的力量，它不但夠讓你體驗你身體中感覺良好的化學成分，它也能夠提升學習——學生喜歡他們所學到的。這點給了我靈感，我在我以前的性幫助網站上（sexual help Web site），設置了一個選擇測驗，稱爲性測驗（sex quiz）。點閱者被要求自一個名詞單中選擇性名詞的正確定義，而這個名詞單包括一些很好笑的答案，常常使得他們大笑不止。例如：

1. 性腺（gonad）是：

A. 凱迪拉克樂團（the Cadillacs）所唱的某首比波普爵士樂（bebop）的第一行歌詞：「Gotta gonad……」

B. 來自安地斯山脈（the Andes）、會跳到樹上的一種稀有青蛙

C. 一種生殖器官，如睪丸或卵巢

D.在足球的主場比賽中，在三十碼線踢球時使用的喊話

答案：C

2.包皮（foreskin）是

A.高爾夫球棒把手上的那層皮

B.環繞在陰莖頂端保護陰莖腺體的組織，會在割包皮時被割除

C.人類前額眉毛上的溝痕

D.一種家庭偏方，用來縮小腳上出現的疣

答案：B

這些測驗問題幫助點閱者學習正確的定義，也同時享受幽默。雖然你可能不會想做性測驗，但是你自己必須要非常熟悉各式各樣的性名詞，因爲你的案主會使用它們。

使語言有區別

性教練不像其他處理性擔心的方法，並不將行爲病理化。我一直將有批判意味的字眼改說得更爲中性。對我而言，改變負面的語言是性教練中的一個元素。假如你的語言將案主病

理化，你如何能夠成爲一個具支持性的包容者，並去擁護你的案主呢？

下列清單（雖然不是很詳盡）是有問題的名詞範例，以及使它們更賦權、而非貶抑的應對名詞：

病人 vs. 案主

你的案主沒有生病或任何疾病。（假如他有，你應該將他轉介出去，並教練他如何處理）。你不是醫生。案主是一個中性字眼，比病人更專注於成長，而且反應出較少階級概念的案主／教練關係。

做愛 vs. 有性

我避免使用做愛（lovemaking）這個名詞。並不是所有的案主都在戀愛或者感覺到在戀愛。有性（having sex／being sexual）專注於愉悅，而且是爲性而性。但若案主說做愛或者「我在戀愛」，那也很好。

雜交 vs. 有性經驗的

雜交是一個有傷害性且批判性的名詞。一個有性經驗的人則是曾經有好幾個性伴侶。經驗這個字是正向的描述。

性主動 vs. 被動

這可能會令人有點困惑。一個性主動的人在生理方面比一個被動的人從事更多的性行動。

但是性主動亦描述某人正在或一直有性活動（通常是與性伴侶，而非單獨的性）。最後，一個性主動者不是處女或處男（從來沒有過性交的）。

正常 vs. 自然

正常一字始於研究中，由統計定義爲常模（norm）或常模的（normative）行爲。自然是一個較軟性的名詞，不會將某人的性行爲與他人相較。

妻子／女友及丈夫／男友 vs. 伴侶

我們缺乏合適字眼來稱呼性關係中的未婚伴侶（我喜歡用的名詞）。在一個像我們這樣的異性戀社會中，丈夫與妻子是神聖的名稱。無論年齡大小，像男朋友或女朋友這樣的稱謂在非婚姻關係中都有點被貶低，或有時候稱爲情人。在同性戀文化中以性來下定義，情人（lover）即爲伴侶（partner）。

安全的性 vs. 較安全的性

在HIV預防運動中，有這樣的句子：「唯一安全的性就是沒有性」。這句話或許有一些道理。現在比較被採用的詞語是較安全的（safer），這顯示出一個人有性時個人風險的程度，以及感染性傳染病的風險性，尤其是HIV/AIDS。

需要 vs. 想要／比較喜歡／慾望

案主經常用一些語言把伴侶推開，而伴侶本來是可以提供他們所希求的東西。例如，一位伴侶說他需要什麼時，會使另一半覺得他非常匱乏。教練你的案主用「我的聲音」（I voice）來說話，賦權案主，使他們能去要求自己想要的。如果他們想要及所意欲之事獲得滿足，看起來就不會這麼匱乏，或需索無度——而他們也就更能夠去實踐他們的性夢想。

自我中心 vs.自私

教練案主著重於自我。自我中心一詞，隱含著自負的、自我提升的行爲。其實，照顧你自己，是你準備跟另一個人分享生活（或者愉悅，或者肉慾）的關鍵。極度的自私是一個很好的特質，爲你的生活扛起責任，也爲責任加諸在你身上的結果負責，而不是讓你沉浸在責怪或抱怨的遊戲中。

偏好（preferences）vs.性導向（sexual orientation）

當與女同性戀／男同性戀／雙性戀／跨性別案主做教練工作時，幫助他們及他們身邊的人了解性導向與偏好之間的關鍵區別。我們的性導向不是一種選擇或一個偏好。我們能夠選擇我們比較喜歡的性活動，但是無法選擇性導向。性吸引力是天生的，沒法選擇。但我們是否要表現自己情慾的吸引力，則一直是個選擇。作爲性教練，你工作的一部分就是消除人們選擇性導向的迷思。最重要的，尊重你案主使用有關她自己的語言；如果她相信性偏好最能反映她的性導向，那請尊重她的想法吧！

STD vs. STI

在流行病學的語言中，我們已盡量不再使用性病（venereal disease, VD）及性傳染病（sexual transmitted disease ,STD）兩個詞。現在的新名詞是 STI，亦即性傳染感染（sexual transmitted infections）。在一些狀況中，案主所面對的不是疾病，而是感染或不平衡，大部分都是在伴侶之間傳來傳去。新的名詞是要幫助轉移社會汙名。

想想還有哪些其他名詞，你會想幫助案主重新下定義，如HIV vs. AIDS，性無能vs.勃起功能障礙，早洩 vs.早發性射精。

你的基礎建立在對性的全盤了解上

這聽起來像在傳道，但是身爲一個性教練，你應該有你自己對性及性議題的深入了解，作爲經驗的基礎。雖然你不需要揭露不想分享的事情，但揭露你個人的性生活，有時會成爲性教練中的關鍵時刻，或在療癒案主時引發突破性的進展。如果你還沒有經歷過非典型的性（見第十二章），該是你探討性（sexplore）實驗性（sexperiment）的時候了！

身爲性教練，你必須要從過去的性緊張中走出來，掙脫你自己的身體形象議題、性壓抑或性擔心。作爲一個有性的人（sexual being），朝著你自己的個人成長軌道前進，是教練的先修必修課程。當你成爲性的最終角色模範，你將能提供較佳的服務給案主。當然，你不需要擁有陰莖才能教練男士勃起功能障礙的議題，或得生過小孩才能教練女性懷孕期的性擔心。同樣地，男性性教練不需要成爲多重高潮大師才能引導案主獲得高潮，而女性性教練即使在她的簡歷中沒有專業的虐待慾，她也能夠提供教練服務給玩 S&M 的案主。但是你越做到你所傳教鼓吹的，你就會變得越眞實。你的教練工作將會有更多的影響，也會更有效。掛上招牌之前，先拓展你自己的性視野。你有多大的成長，你的案主才會有相應的成長。

在實踐中學習

臨床性學中訓練的告誡之一就是：絕對不要要求案主去做你沒做過的事情。熟能生巧！拓展你自己成爲心胸寬廣的包容者，接納案主對你的要求，以下這份建議清單，可讓你去探討你自己性發展的個人旅程。不妨試著再增添調色盤上的色彩！

課外活動

我當然不會期待你去報名裸體網球課程，或去當色情影星。讓自己去探索不熟悉的領域，你所獲得的知識及經驗，在你日後服務案主時將會豐富你的能力，他們需要你欣然接受他們完全的性表達。

裸體渡假勝地。他們自稱爲自然主義者。去裸體渡假村，試著不穿衣服融入其中，然後檢視自己有什麼樣的感覺。你可能會很驚訝沒什麼感覺或覺得很窘迫，甚至沒有一點點的情慾激發。然而，不要因爲發現自己一點都沒有情慾張力在流動而感到震驚——這裡只有一群附在骨頭上的皮膚袋子，嬉戲喧鬧、曬日光浴，及做所有人們（甚至家庭）想要放鬆和遊戲時所做的所有自然之事。

紳士俱樂部。試著去探訪紳士俱樂部。這些地方會有女性半裸著跳鋼管舞，或者女性在舞台上跳脫衣舞，讓你對她們身上只有幾條皮帶或什麼都沒有而臉紅心跳。我保證你一定要親自去體驗，投入於公開的情慾引誘之中。去脫衣舞俱樂部、異國情調的舞廳、情色歌舞廳，或者一間親密的遊戲房——舞者一邊脫衣服，一邊爲了小費色情地挑逗觀衆——這能夠讓你明白自己的激情帶（erotic zone）。因爲你勢必會碰到一些案主，他們花了許多時間與金錢在這類的場所中，所以要知曉這些情形。

交換性（swinging）。Lifestyles.org是交換伴侶的最大網站。它們提供非常多的管道，有各式各樣交換伴侶的態度及行爲。有可能是只限交換伴侶者的郵輪之旅，一個遊戲聚會，在某人家裡的特殊祕密聚會，或在渡假旅館中舉行的會議。讓自己置身在樂於公開分享親密的完整社群中，去感受那種開放的氛圍，檢視自己有什麼樣的感覺。記住，如果你去了，絕對不要違反自己的意志而被碰觸，或者呆呆地任人擺布。假如你決定被自己伴侶以外的人碰觸，這是探討此選擇的一個絕佳場所。

S&M場所。即使只是走進一家販賣S&M用品的店家，或觀賞教導主宰與順從實作的錄影帶，你也得用心感受S&M的激情張力場域。在美國許多大城市中，每月都有S&M團體舉行會議或開設課程，諸如JANUS或惡作劇協會（Eulenspiegel societies）。你或許會想參加教育性的專題講座，或在某個AASECT年會中報名去上特殊課程。你可能會發現一個地方性的密室（local dungeon，S&M活動私下舉行的遊戲空間），並親眼看到S&M活動。或者你可以去讀薩德侯爵（the Marquis de Sade）的作品或去租「O孃」（The Story of O）影帶，假如這較爲接近你的學習風格的話。

靈性的性工作坊。在性光譜的另外一端遠離S&M的，是性與靈性。這感覺較爲柔軟，是著眼在接近內在自我並提升與伴侶的靈性結合感。你能就近（見附錄E）找到譚崔（或其他教導靈性的性教師），或者閱讀當地新時代雜誌中的名單。你可能會想去夏威夷，那裡有好幾位靈性教師，並在這美麗的樂園中提供駐地工作坊。只要是能夠帶領你進入個人性／靈性連結形式的事，做什麼都可以。即使聆聽簡單的西塔琴音樂，或閱讀東方神聖的文學（想想《印度愛經》吧！），也會幫助你進入這個領域。

線上春宮。想到必須去瀏覽色情網站，你可能會不寒而慄，而且還可能會有隨之而來的惡果，就是一旦你點進限制級的網站，將有好幾個月都收到色情垃圾郵件。不過你還是要去做。假如你不知道你的案主在看些什麼，你又如何能夠眞正提供他們所需要的服務呢？網路春宮的範圍從曝露的圖片到活春宮演出，以及兩者之間想像得到的每件事都有。越下流與曝露，你就可能得付越多的代價——眞正的金錢。瀏覽成人網站也可以快速教育自己，了解網站上到底有那些內容。當你在家裡逛過這些限制級網站之後，千萬要淸除電腦上的存檔，以避免給小孩及工作單位帶來困擾。

三級X電影。這可能聽起來很嚇人，但我贊成伴侶以及個人案主觀賞春宮，尤其是在性行爲或自慰時無法有美好幻想的人。三級X電影有各式各樣的類型：業餘的粗糙影片、高品質好萊塢風格影片、限女性觀賞影片、限男同志觀賞影片、戀物癖影片等等。在IASHS的博士班課程中，學生被要求要觀賞一百小時的春宮影片，並將他們看過的加以編碼。這樣的歷程讓我學到，對於幾乎沒有範圍的人類性表達，要抱持容忍及了解的心情。即使你沒有參加IASHS 課程，你也必須在家裡做性學習，並且盡你所能地看各種春宮影片。

信不信由你，這些建議只算少數。性的世界是巨大的。我希望你在性表達的領域中自我拓展及個人成長的胃口，能將你帶至我還未提到的地方。線上約會、脫衣撲克遊戲、浪漫棋盤遊戲、有聲書籍、感官按摩、穿著異性服裝——可能性多如蒲公英的花瓣。

採取性教練的態度

要採取成爲性教練的態度，首先需要個人的淨化。在你讀完下列資訊及鼓勵後，應該就可以準備好邁入眞實的步驟，這些步驟一定會應用到性教練知識與實際技術。

右腦思考

性教練需要右腦和左腦的平衡組合。左腦控制我們的線性面，即計算數字、使用邏輯及收集資訊的部分。右腦則是直覺及非線性思考、感覺與感官感覺的部分，一言以蔽之，就是藝術。性教練與生活教練或性治療師不同，性教練經常使用他們的右腦！

藝術是右腦的歷程。在我上的繪畫課程中，我第一次讀到貝蒂・愛德華茲（Betty Edwards）的書《右腦的新繪畫》（*The New Drawing on the Right Side of the Brain*），我很震驚於課堂上最初幾個練習之一：老師告訴我們從書上找一幅特殊的繪畫，將它反轉過來，然後描摹。眞的好像變魔術一樣——我們都能夠複製這個圖像。想想看在第三堂課，我居然能夠用筆墨仔細畫出米開朗基羅的一幅畫！老師解釋，當我們脫離左腦思考模式時，就可以看到圖畫的形狀及較大的畫面。我們學習去畫自己所看到的，而不是去畫我們自認爲看到的。

只是將圖片反轉的簡單動作，然後畫畫，就解放了大腦右邊的知覺。這也是一個了不起的性教練所能做的事。

當你發展性教練實務時，你一定會想要去實驗，這是無可避免的。如此一來，就把焦聚及思考轉換到腦子的右邊了，你將更能夠創造獨創的設計。

打開包袱

你可能來自商業或個人的教練背景，正試圖拓寬教練服務範圍。假如你一直在教練機構、商業、個人或團體，你知道你自己的內涵會隨著你越來越精進的技術出現。假如你是治療師，你對要成爲助人專業者所必須的個人成長應該非常熟悉。

多年前，治療師及作家芭芭拉・安吉麗思（Barbara de Angelis），推了一個裝滿行李箱的推車到電視台上節目，行李箱上綁著許多大標籤，包括罪惡、恐懼、仇恨、自我厭惡、無回報的愛、失去的希望及失敗。她用貼滿標籤的行李箱，來指出我們每個人都帶著一大箱行李進入關係中；你也一樣，拖著過去的性及性事議題進入你與案主的專業關係中。而你必須在開始執業前想辦法清理這堆行李，並療癒自己的擔心。

不要認爲性教練的工作會成爲你療癒的途徑。我的許多工作把我提升到較高的層次，使我覺得非常棒，以至於感到被療癒。但是我絕對不會期盼以進入性教練時段或關係中，來療癒自己。你也不應如此。身爲性教練，你必須在進入火車站之前就清空行李推車。

從有關你自己的態度開始。這將會使你比較容易不去批判其他人，尤其是如性這麼複雜、廣大且深邃的事。你如何爲你自己在性方面下定義？在你能夠開始幫助其他人表達他們的性之前，你需要一個正向的自我定義。這或許是教育自己成爲教練的工作中最無組織、不定型的部分。

成爲性教練的先決條件，就是樂意接納下列特質，發展健康的態度：

容忍　強度
耐心　X光般犀利的思考
接納　口齒清晰／良好溝通
無條件的愛　敏感
喜歡人們　永遠保持希望
同情心　尋求案主之最高福祉的堅定立場
熱情　尋求你自己的最高福祉的堅定立場
敬重人道　保持乾淨清楚的界線
相信魔術／知道奇蹟會發生　準時出現並完全投入
寬恕　保持一種「不論怎樣」的情感

了解　　　　　　支持「假裝（act as if）」是一種藝術形式

有趣（playfulness）　　　　採用一種「直到現在（up until now）」的方法

存在的明亮（lightness of being）

機智

搞懂它！

能夠使你成為一個較佳性教練的三個基本個人特性為何？

1.

2.

3.

【第四章】

自專業層面自我準備

在個人層面上準備成爲一個性教練，或許是比在專業層面上更令人卻步，然而，兩者對你的成功皆非常重要。既然你對個人議題已經比較自在了，現在你可以開始準備學習性教練實務所需的細節，或者整合性教練至你現行的教練或治療實務中。本章的準則將幫助你討論專業的基本事項，包括：

- 性教練守則，包括相關的資源，可以更新你在性功能與障礙、性解剖學及生理學方面的知識。
- 了解性導向及性表達之多樣性。
- 在盒子之外思考。
- 開始你自己的性教練實務。

另外，你將學到爲何某些教練經驗被認爲是失敗的，及你應如何去應對。

本章對你的訓練而言並非萬靈藥。書末的附錄是提供個人及專業發展兩方面的資源與工具，補充了本章資料的不足。有朝一日，你可能會想與其他專業人士分享你身爲性教練的訓練與專長。在此，我列出你所需要的每一點，設計出一個性教練訓練標準，包括列於附錄E的訓練與認證。

當你進入性教練實務時，你就進入了性學領域。教練案主的工作需要你精熟複雜知識與技術基礎。而我無法不再次強調，你正在轉變自己的觀點，自其他形式的教練或治療，來到一個專業人士的社群，這裡的人們來自有其獨特觀點的許多領域。

性教練之守則

身爲性教練，你將會面對有關人類的性形形色色的態度、價值、訓練及事實。一旦你使自己放鬆了對做此工作的疑慮或限制，你就得開始其他的準備。有好幾個重要的機構，已發展出很有助益的守則，幫助你克服成爲性教練時必須面臨的各種挑戰。

超越個人

在性教練中，你不但必須了解你的內在，也要知道如何放開自己，這要求可能比其他的職業還要多。就如同上一章所言，你必須在對案主提供特殊需要的服務之前，就先把自己的行李從推車中丟掉。治療性擔心的專業人員競爭激烈，案主會選哪一位教練，是基於性教練的個性、生活經驗、教練技術、對性擔心的知識以及教練的接觸與連結。

在你收案主之前，必須知道身爲有性之人的「你」，是什麼樣的人，而身爲性教練的「你」，能夠提供什麼服務。探索所有你能觸及的教學資源，包括一個SAR課程（在IASHS或AASECT）、暴露的教學錄影帶、受到推薦的書籍，以及與有不同性生活方式的人們進行非正式的談話及正式的晤談，都是準備性教練生涯最起碼的步驟。

性事實之基礎

雖然我很想提供一個有關性的事實的迷你課程，但是我寧可教導你們如何整合性的事實，成爲一個動力性教練實務。本書不是性基礎的教科書，它是一張地圖，你可以從中找出你所需要知道的事情。有許多優良書籍、DVD、錄影帶、網站和網路課程或親授的課程，都能夠教你性的知識。附錄E記載了許多資源，包含資訊和教育課程，可讓你對性的細節瞭如掌指。

以下是稱職的性教練的幾組標準與守則，也是一些提升你對此複雜工作的專業度的原則。

性態度再評量標準

AASECT 對於「性態度再評量（SAR）」的守則，提供了所有關於人類的性（human sexuality）的範圍之概要，你應該了解這主題至某種程度。請回顧第二章有關 SAR 歷程精要的描述，這章是要幫助性學專業人士，在助人之前，先以個人身分處理自己的態度。你能夠獲得多少某個性主題的資訊，一部分受你的個人興趣影響，包括討論這個主題的興趣，或對與此主題相關的人（niche populations）的興趣。例如假設你要服務懷孕／產後婦女或者跨性別社群，你會想要經由不同的資源學習更多的有關的主題。

PC 鍛鍊模式

性學家應該知道避孕、性傳染感染防護及性技術等各種主題，你需要精熟所有相關的主題，從墮胎（abortion）到戀獸症（zoophilia）無所不包，包括 PC 鍛鍊模式，這可以在附錄D找到。AASECT 對於 SAR 的認證有其標準，包含前面所建議的主題。閱讀後面將會提到的清單，並選擇你認爲符合需求的主題。假如你想透過 AASECT 認證成爲性教育家、諮商師或治療師，你會被要求參加 SAR 課程，並必須顯示出你精熟所有範疇，再加上人類性的廣泛領域中的五個選修主題。閱讀以下的 AASECT 守則時，請牢牢記住。

目的

AASECT要求候選人要完成態度／價值訓練經驗，作爲認證要求條件的一部分。認證候選人通常以參加一次的SAR專題研討會來達成此要求。

性質

SAR是歷程導向、結構性的團體經驗，可提升參加者覺察自己對性的態度與價值，並協助他們了解自己的態度與價值，是如何在專業及個人方面影響他們。因爲SAR的主要目的是態度與價值的檢視，它不是設計來傳播認知資訊的傳統學術經驗，也不是導向解決個人問題的心理治療。

課程目標

在SAR專題研討會中，參加者的主要目標包括——

- 先置身於人類性激發及行爲的廣大光譜中，然後表達自己對於「人類的性」的範圍之感受，包括自在與不自在區域的辨識。
- 探討參加者對多種性表達的態度及偏見，以及這些態度及偏見如何影響到個人表達與專業介入。
- 增加參與者在討論性事時的自在感。
- 提供非批判性及尊重的論壇，來探討其他人的性價值與差異。

- 有機會更加了解某些人士的性態度與價值，這些人的性興趣、生理或認知能力與參加者不同。

主題區域

基本的SAR包括由授課者決定的必選主題，以及可選的主題。必選主題的特色是，有主題的、有時間性的、相關的及非偏見的態度：

- 自慰
- 性導向
- 一生的性
- 性變化
- 性倫理與道德
- 性與生理及發展的殘障
- 負面的性經驗

可選的主題包括至少下列五項：

- 性角色（sex roles）
- 性的語言
- 性別角色（gender roles）
- 春宮圖片
- 性傳染病
- 異常性行爲
- HIV
- 碰觸
- 性功能障礙
- 親密
- 身體形象
- 忌妒
- 幻想
- 宗教
- 性別不自在
- 靈性
- 性發展
- 性潛能
- 性攻擊
- 成爲伴侶
- 一夫一妻制及多重伴侶
- 文化對性之影響
- 懷孕
- 生育
- 墮胎

高級性學研究學院（The Institute for the Advanced Study of Sexuality）

第二組的守則，摘自高級性學研究學院（IASHS）課程中研究生必備之能力。它可以作爲自我學習的引導和自我評量的方法。

臨床技巧與能力：

- 能夠選擇一個最恰當的臨床介入方法來處理與呈現臨床問題。
- 有使用最新的當代臨床技術的能力與技巧，這些技術是基於不同的診斷方法，曾被馬斯特斯、艾里斯及費錫安等人使用過。
- 有能力在臨床性學介入法及較傳統的治療之間做選擇，並能夠在有需要時爲案主轉介。
- 當面臨案主不尋常的性導向或性實作時，要有保持中立、不批判的能力。
- 要有能力記下完整的性史，使用保護案主隱私的性學編碼系統。
- 有能力運用日新月異的性學知識，於人們不同生活圈的不同部分中。
- 有能力處理影響性價值、性情境及性功能的情境因素。

解剖學與生理學技術及能力：

- 有能力處理性別（認同與性別角色）區辨。
- 有能力能夠闡釋男性與女性性解剖學之獨特點與相似點。

- 有能力解釋性反應週期。
- 在處理呈現的性議題時，有能力去了解是否危及其他助人專業的既得利益。法律議題：
- 有能力能夠找出並解釋一個性學家的各種不同的法律責任。

美國性資訊與教育委員會（Sexuality Information and Education Council of the United States）

美國性資訊與教育委員會（SIECUS）列出定義健康的成人性行爲的特性，就像美國計畫生育聯合會（PPFA）及AASECT，SIECUS做爲一個全國性的組織，通常處於領導地位，制定性健康政策、教育與臨床工作之準則、課程發展、專業訓練及提倡諸事項。我強烈建議探訪他們的網站並成爲會員，你可以收到《SIECUS報導》（*SIECUS Report*），這是一份定期的期刊，是這個領域中最有水準的期刊之一。其他可推薦的期刊已列在附錄E之中。

當你閱讀SIECUS的〈一個性健康成人的生活行爲〉一文時，讓自己反思對每一陳述句產生的態度與反應。這些態度的陳述句，有一部分是設計來驅動課程內容，並成爲性教育與訓練課程之主軸。爲了你獨特的性教練實務，你會想要提倡這些行爲。

SIECUS的一個性健康成人的生活行為清單

一個性健康成人會：

- 欣賞自己的身體
- 因應需要，尋求有關生殖的資訊
- 肯定人類發展，包括性發展，而性發展不一定包括生殖或性器官的性經驗
- 以尊重及恰當的方式與兩種性別互動
- 肯定自己的性導向，並尊重其他人的性導向
- 以恰當的方式表達愛及親密
- 發展和維持有意義的關係
- 避免剝削和操縱的關係
- 對於家庭選項及生活方式，做出有資訊根據的選擇
- 展示可以強化個人關係的技巧
- 認同自己的價值，並據此生活
- 對自己的行爲負責
- 實行有效決策
- 與家庭、同儕及伴侶有效地溝通，終其一生享受及表達自己的性

- 以符合個人價值的方式表達自己的性
- 區辨何者爲強化生活的性行爲，何者爲傷害自己或他人的性行爲
- 表達自己的性，同時尊重其他人的權利
- 尋找新資訊來強化自己的性
- 有效地使用避孕，以避免不想要的懷孕
- 防範性虐待
- 尋求早期產前照護
- 避免感染或傳染性傳染病，包括 HIV
- 實行促進健康的行爲，例如定期檢查身體、乳房及睪丸自我檢視，以及潛在問題的早期辨識
- 表明對不同性價值與生活方式者之包容
- 執行影響處理性議題立法之民主責任
- 評量家庭、文化、媒體及社會訊息，對個人與性有關的思想、感覺、價值及行爲之影響
- 提倡所有人們能獲得正確性資訊的權利
- 避免顯露偏見與頑固保守的行爲
- 拒絕對性多元化人口的刻版印象

思考以下每一個行爲，自我評量你對這些問句的答案：

- 這句陳述句對你而言代表什麼？
- 這句陳述句的涵義爲何？
- 我如何使用此陳述句來使我的性教練實務變得更好？
- 我可自此陳述句學到什麼？
- 還有哪些是我必須學習更多的？
- 此陳述句如何幫助我去處理案主之事？
- 此陳述句如何直接幫助我的案主？

讓我們來看一個例子：「肯定自己的性導向，並尊重他人之性導向。」你可能會碰到有些案主，他們的性愉悅被恐同症或性導向混淆所阻礙。告訴案主，這是被承認並受到接納的健康成人行爲，使他以自我肯定的信念面對自己的性導向，那麼你對案主的關心將會有影響力，你會發現，推動案主轉向肯定自己的性導向，會幫助他克服羞慚、罪惡，或在性方面無法操作的能力，無論是單獨或與伴侶在一起時。擁有以上清單，作爲你性教練準備的一部分，能夠拓展你覺察的基礎，豐富你發給案主的講義內容，並且在你訓練其他人性教練方法時提供引導。

世界性學協會

世界性學協會（WAS,The World Association of Sexology）提供更國際化的性觀點，我參加了二〇〇一年在法國巴黎舉辦的世界性學大會，這會議每兩年舉辦一次。在這些國際性的聚會中，你會碰到形形色色的人們，皆是性學研究中的佼佼者！大家齊聚一堂，帶來大量的資訊，目不暇給令人目眩，的確是非常值得投資時間與金錢參加的一個世界性會議。

這些會議包括看似無止盡的大量報告，都是有關人類的性的各層面，涵蓋了醫學、法律、文化價值、社會學、人類學，甚至心理學的模式、臨床治療、新的藥物、倫理、女性主義及性教育，非常多樣化，且跨文化。我發現在美國之外的地區參加會議，可以對舊的主題產生新的啓發，從女性權力到臨床試驗對於新藥物的效果，到性教育方案的新興趨勢，到保險套分配計畫，到詩的色情使用或歐洲的浪漫烹調！全部都在那兒，撩撥你的思考，並轉換你古板的態度。你一定要去參加世界性學會至少一次。見附錄E，找出下一次的會議。

你將自研讀以下的 WAS 守則而獲得極大助益。這些守則是經過長時間、謹慎地萃取出來的，代表世人迥然不同的觀點，並將這些觀點融入一個和諧的信條中。

性健康之定義

這些定義制定了全世界性學實務的引導標準，你可以使用它們來引導自己的思考，並指引一對一的工作。做爲性教練，你角色的一部分就是去擁護性健康及性權利。WAS使用世界健康組織的定義：性健康是與性有關的健康的進行歷程經驗，此種經驗是生理的、心理的及社會文化的。性健康是以自由與負責任的方式來展現性能力，而這些性能力有助於和諧的個人及社會健康，豐富個人及社交的生活。性健康不僅是指不再有性的障礙、疾病或軟弱等問題。爲了獲得性健康並加以維持，所有人們的性權利是必須被認識及支持的。

性健康的定義依案主而有所差別。身爲性教練，你的工作就是去提升案主的健康，即使他或她的定義不是你的定義。這是我所謂的，你必須以案主之最高價值與可能的健康來教練他們。

根據WAS性權利之宣告

性是每個人人格中一個完整的部分。它的完全發展依人類基本需要之滿足而定，例如接觸的慾望、親密、情緒表達、愉悅、溫柔及愛情。

性是經由個體與社會結構之間互動而建構的，性的完全發展對於個人人際及社會健康是必須的。

性權利是基於所有人類與生俱來的自由、尊嚴及平等的全球人權。因爲健康是基本的人權，所以性健康必須是基本人權。爲了確定人類及社會能發展健康的性，以下性權利（簡短版本）必須盡所能被認識、提升、尊重及捍衛。WAS宣稱，認識、尊重及行使以下權利的環境，便能創造出性健康。

1. 性自由的權利
2. 性自主、性正直及性身體安全的權利
3. 性私密之權利
4. 性平等之權利
5. 性愉悅之權利
6. 情緒的性表達之權利
7. 性方面自由連結之權利
8. 做自由及負責任的生殖選擇之權利
9. 獲得基於科學探究性資訊之權利
10. 全面了解性教育之權利
11. 性健康照護之權利

了解性的多樣性

當你讀到第十章，對於性的多樣性，你或許會比你以前所知了解更多。讓我們複習第三章的訊息：要成爲一個了不起的性教練，在你能夠恰當回應案主將詢問你的各種要求之前，你必須曝露你自己（不是你想的那樣），去接觸許許多多的性行爲和形形色色的人類性表達，以及各種相異的觀點、態度及想法。閱讀之外，你可以去參加一些活動，去認識在性導向及癖性方面與你不同的人。性的演化有脈絡可尋，它不是憑空而生。跟人們談話，你會開始了解他們的性是如何，以及爲何會有這樣的演化轉變歷程。強而有力的 WAS 性權利陳述，明示了你做爲性教練所必須具有的基本訓練：每一個人都有權利以他們所能做的方式，安全並恰當地表達他們獨特的性。你的工作是幫助他們爲自己及他人做出好的選擇。

你可能必須參加會議，例如探討跨性別的會議，來服務那些案主，你也許會想上 S&M 的課程或譚崔的性練習，以對那些環境及實務工作者的特殊行爲更爲熟悉。拓展你的知識與技術庫的選擇在於你，但是你需要自其中做一些選擇來擴展及成長。

成長是一個不斷進行的旅程，而非目的地。當你探索時，要對其他文化及對多樣化的社群保持開放。實地考察，會使你以可信賴的性賦權與性接納的方式，發展提供案主安全場域的能力。當你個人及專業方面均有成長時，你將成爲一個包容者，可以處理案主的擔心——而你能夠處理的範圍也就擴大了。

在盒子之外思考

此部分是設計來啓發你，能像藝術家一樣思考，開發你的右腦，並放掉你左腦的線性思考方式。

藝術家的方式

回到我們的藝術主旨。做為一個藝術家，你可能會嘗試不同的媒介，不論是油、壓克力或水彩，在你選擇的介面上表達。你可以選擇一種方式來作畫，並同時使用另外一種媒介，如粉蠟筆、煤炭、泥土、馬賽克磁磚、木頭，或甚至錄影。懂了吧？藝術是一種需要媒介的創造。你絕對不可能畫得像畢卡索（Picasso）、李奇登斯坦（Lichtenstein）、維梅爾（Vermeer）或歐姬芙（O'Keefe）那麼好。就像任何一個藝術家一樣，你得測試不同的筆法、風格及配色，並從你的個人性及性教練的專業準備中挖出靈感。雖然到最後，你還是會以自己的方式進行。你的繪畫或其他藝術形式將會反映出你特殊的才能。

我已經詳述我個人的演進，你的演進也將以不同的方式發生。無論你走哪條道路，你必須發展自己的風格。這份獨特性，就是你能在市場上與其他自稱可提供類似服務的人區別所在。

有時候方法來自盒子之外。把握機會或冒點險，以你自己的方式進行，也許就能改變墨守成規的療法或教練實務。充滿創意意味著你把鞦韆盪得很高，底下卻沒有安全網，但這無妨。要注意的是我們要有把握在何時盪高，而且有最棒的結果。我鼓勵你允許自己，不用別人曾做過的方式去進行，敢於運用技術、方法、練習、推薦的資源，甚至是與他人標準不同的個性化作法。做爲性教練，絕對有一條開放的康莊大道。

開始你自己的性教練實務

一旦你在個人方面已做好性教練的準備（經由SAR及其他方式），並已拓展身爲性教練的知識、態度之覺察及技術，你就有機會架構出如何眞正執行業務。

想想至目前爲止你所學習到的，將你在個人及專業層面的教練準備，整合出你自己的方法。列一張如下的問題清單：

- 我業務的願景爲何？
- 我想要服務每一個人，抑或找一個目標市場，例如只服務單身者或伴侶，或只限於異性戀者？
- 我要服務戀物癖或S&M的案主嗎？或者有涉及難以理解的性與靈性實作之案主呢？

- 我只做電話教練嗎？或者我將有一個私人的工作室可以會見案主？
- 我可以每天工作七個小時，以電子郵件往返及電話聯繫，或只開放特殊時段與案主溝通？
- 我會提供身體教練，或盡量以談話做爲我的主要模式？
- 誰會做爲我的案主轉介脈絡，送新案主來給我？
- 我何時應該轉介，以盡可能提供案主周全的服務？

進一步訓練

問你自己，你需要何種進一步的訓練來打開性教練之門。例如你可能會想上NLP或主動對話技巧的課，或參加 IASHS，或者一個 AASECT 的會議，或你想要在性問題醫學治療的臨床或藥物層面獲得更多的訓練。或許你已學習EMDR或催眠治療，或成爲有執照的治療按摩師，來強化你的治療技術庫。但是要準備好成爲一個性教練，你必須覺得自己已經準備好可以討論任何性擔心。不論你是經由Coach Ville獲得良好的遠距課程訓練，在治療領域中尋求更多的訓練，或只是想在藝術作品中加上新媒介，你可以決定加上你認爲可行的部分，創造出你心目中最完美的訓練。

當性教練失敗時

當你準備性教練生涯途徑時，要有心理準備，一路上會有些顛簸。就如同所有的專業一般，你會學到做好一個工作所需的全部事項。而且就如同生活本身，有時候事情並不如你所願。到底爲什麼會失敗？有時你跟某一個案主不對味，或案主無論如何就是無法從他的座標上移動。而其他時候可能更微妙——你有一種感覺，或者幾次失約的模式給你一種感覺，通常是正確的直覺——目前的方式對你或對案主是行不通的。在你已盡心盡力卻毫無進展的特殊情況中，可能是案主面對眞實的恐懼，及必須做重大改變的強制要求，使得他走上回頭路。薩爾就是如此的案主。

內幕故事：薩爾的痛苦

薩爾一直忍受由心理引發的勃起功能障礙（見第七章）。他那喜歡謾罵、喝酒成性的女友覺得他沒有男子氣概，當他不再勃起時就停止做愛。他那藥物成癮的弟弟已將家裡生意敗光，資源耗盡，現在賴在薩爾家裡。薩爾真正的問題是他的生活，而非勃起障礙。

當他因為勃起問題來尋求教練工作（這是威而鋼時代之前），是由一位高明的泌尿科醫生轉介而來，在我們第三次晤談時，我很有同情心地說：「你必須要面對你的生活危機，除非你願意放棄對你有損害的幾個關係，不然我無法真正幫助你。」我們爭論了半小時。

然後他突然說，「佩蒂博士，你是對的，但是我沒有辦法放開這些關係，我想我大概只能繼續這樣。」

薩爾那天很洩氣地走出工作室。他知道他沒有能力面對真相及做出重大的改變，而這會賠掉他的性認同（sex identity）與生活上的愉悅。我再也沒有見到他。

有時候改變真是太艱難了。做為一個性教練，必須對案主說明真相，即使那會讓他跑掉。性教練真的失敗嗎？我認為是的，但是我想我永遠不會知道真相。

不論你技術多高明，你的性教練工作有時會失敗。性教練是強烈的、直接的，而且經常在案主抗拒的核心時要面質他。有些案主無法推開抗拒，不論你提供多好的建議或你用多好的技術。除非你的性教練做得很差，你要了解困難不是在於你。原諒你自己。

在早期我受教於安東尼・羅賓斯時所學的一些訓練中，我學到「痛苦——愉悅」這個連續座標。人們朝向愉悅移動而遠離痛苦，尤其是情緒或心理上的痛苦，你的案主既是痛苦避免者也是愉悅追尋者。我有一位案主，當他無法面對眞正改變的痛苦時，他就停止了晤談。因爲，改變的痛苦超越了行爲上的新方法將帶給他的報酬（愉悅）。不過有時候，不再出現的案主——我們的失敗——早早就離開性教練歷程，但後來又回來了。

搞懂它！

1. 說出你現在已準備好探討的三個專業訓練之領域。
2.
3.

做為一個符合資格的性教練，你還需要什麼來增添工作所需要的知識及技術呢？

【第五章】

邁向成功的性教練業務

在眞正從事性教練之前，你必須要建立你的業務，本章對於建立新的業務或是整合性教練至現有的業務，是一個很有幫助的指南，包括如何建立案主名單，提供有關市場以及宣傳方面的建議，特別是如何有效的透過媒體行銷你自己，好吸引案主，並獲得這個領域專家的信任。附件有實用的參考指引，可補足本章的內容與資訊，是你有效維持性教練業務的工具。

建立你的性教練業務

做爲一個新的執業者（假如你是剛要開始這個事業）和一個新的性教練，你將面臨的第一個議題就是收費問題。

訂定費用

費用的高低依幾個因素而定，主要是依據你的專業經驗以及市場消費的行情。不論是在維持一定的生活水準方面，還是對自己與對案主的公平性而言，以下原則對我甚爲有用——這是本書先前討論過的重要教練原則之一。

可以負擔的費用

做爲一個企業家，你必須要訂定合理的費用以吸引顧客。我每一時段（大約一小時）收費美金一百二十元。兩個時段的費用則是雙倍，以此類推。我曾經做了七小時（雖然很少如此），是以每小時費用七倍計算，再加上往返時間。

彈性尺度

一個有執照的治療師、心理學家或者社會工作者，能夠得到第三方的付款（保險），但是身爲一個教練則沒有這樣的保障，所以你需要一個基於案主付款能力而且有彈性的收費尺度。這對於你及案主來說是公平且合理的。給你的案主一個範圍並問他們能夠負擔多少，假如你的費用超出案主可以承受的範圍，你可能要開始講價。

討價還價

我曾經有許多案主，尤其在我早期執業的時候，他們因爲現金不足而要以其他實物支付費用。在性教練開始時我會與他們討論費用以及付款的模式。我建議你不要接受案主提供的服務以作爲交換，因爲這會導致微妙的雙重關係。以物易物是原始的付款方法，我曾得到的報酬有：帽子、衣服、珠寶和藝術品——所有這些都是在第一次見面的時候就已經談妥的（一位在夏威夷的同事常常收到案主送來的新鮮芒果，做爲教練的費用）。

付款計畫

假如你有網站或信用卡付款的選擇，也提供給你的案主，讓他們預先以信用卡來支付晤談時段的費用。你也可以使用四分之三的付款計畫，我讓已經進行過幾次的案主在四週四次的晤談中只付費三次。百分之二十五的折扣，對於經濟不那麼寬裕的案主是很好的交易。根據案主的付款能力以及自己的彈性來設計你的付款計畫。我對案主的座右銘是：「金錢絕對不是你不來接受我的訓練的理由」。

價值與花費

在教練時，通常會出現花費與價值的問題。對於一件事或一個經驗，你付出了金錢，例如對你很有意義的巴黎之旅，或者對你的生涯很有幫助的教育研討會，你難道不會珍惜這段經驗，視它比眞正的花費還更有價值嗎？多年前，身爲工作收入微薄的單親媽媽，我報名參加超覺靜坐的課程。當我祈求減免三十五元的入會費用，老師告訴我，他曾被瑪赫西馬赫什瑜伽（Maharishi Mahesh Yogi）這麼教導：「在美國，人們對於免費的東西不會珍惜。你必須付錢來使它對你產生意義。」你會遇見一些世故的案主，他們不想付費或者就是無法支付全額——因此要求他們無論如何都要付一些，否則他們不會珍惜這份服務。有少數幾次我免費提供性教練服務，結果我很後悔。不要掉入這樣的陷阱。

第一次晤談的現金或支票

最初面談時，我通常堅持對方付現而不是支票。如此可以幫助我們辨識出並非眞正對教練有興趣，且將會浪費你時間的案主。

伴侶 vs.個人

如同我常做的，你可以對伴侶收取高於個別訓練的費用。爲什麼？假如你是做臨時教練（spot coaching）及現場指導（check-ins），包括兩個時段之間與兩位伴侶分別頻繁的電子郵件往返，你會覺得你付出雙倍的時間但得到較少的費用。所以，你可以考慮訂定比個人費用高出百分之二十五的伴侶費用，然後跟他們進行個別晤談時可以減低收費。

臨時教練從前的案主

假如你已經提高了收費標準，而從前的案主又聯絡你要做臨時教練，怎麼辦呢？向老案主提高費用是很困難的，雖然他們明知每樣東西這幾年來都已經漲價了，但是他們認爲你的費用應該還是停留在當時的標準。我建議你參考其他教練或案主用過的方法。我通常會延續舊有的價格，或在新舊之間抓一個折衷，部分原因是因爲我也從追蹤他們的進行歷程而獲得益處。

為你的晤談做紀錄

無論你做什麼都要有紀錄，不管是以哪一種方式，務必記下每一個晤談時段。首先，這是一個有用的專業業務，將來倘若有爭端，這可以幫助你。第二，它幫助你聚焦在案主對你說的話或發生的事情。第三，好的筆記與錄音會幫助你追蹤案主，看到案主的演進，也可以在案主發展或改變時，讓你更清楚自己性教練的技巧。

案主紀錄／初始和追蹤

對於每一個新案主，我指出他們的梅貝斯（MEBES）擔心及處理初談表格中所呈現的擔心之選項（我以顏色來做標籤，分辨出第一次塡的表格與追踪時塡的表格）。我通常在第一次晤談時段就記下案主的電子郵件地址，以便能立刻寄出男性或女性初談表格。在所有的追蹤表格中，我追蹤案主所擔心的、他們的進步與家庭作業。有時候我也會修正行動計畫。

記筆記的筆記板

我將表格附在筆記板上，在每一次晤談時隨身攜帶。最上方的名字是一個代碼，而且不是全名（這是爲了保護案主，以免這份檔案因爲法律目的而被調閱時，洩露了他們的資料）。這個筆記板適合我的個人風格。我會說，「今天的談話我會記筆記，好讓我之後能夠複習。

這樣會讓我更能夠去聚焦在你所關注的問題上。我希望你對此事感到自在。」從來沒有人拒絕我記筆記，他們知道我全心專注於他們所說出的話時，會覺得如釋重負。當然如果案主情緒崩潰，或者當我覺得必須看著他們的眼睛仔細傾聽，在他們揭露自己時陪伴他們時，我就會把筆記板放在一邊。你會發展你自己做紀錄和傾聽的方法。保持你對案主的觀察，追蹤他們的進展，是成功性教練的關鍵。

更多相關資訊

你將會發展你獨特的工作技術。當我接受艾伯特・艾里斯諮商時，他使用老式的旋轉式名片夾。他坐在躺椅上，在膝蓋上轉動名片夾，他跟我談話時，他有時會在白色的小卡片上潦草書寫。我無法知道他是否在記我們晤談的重點——或者，他是在提醒自己要去買花生醬，或振筆疾書給自己的寫作建議。像艾里斯這樣的巨人，能以古怪僻好稱勝，但一個新的性教練或許不能。要有創意地以你自己的方式來記錄晤談——但一定要記錄。

索引卡

我通常使用索引卡寫下家庭作業，或清楚記下我推薦的一本書、DVD或活動。你可以選擇將家庭作業印刷成講義。我會介紹一些活動給案主，我也會推薦我網站上的一些建議給案主，或者印出部分給他們。

錄音

當你是被另外一位專業人員所督導，或你正在攻讀可獲得認證或證照的學位時，在晤談時段中可能需要錄音。在我治療的個人旅程中，我每次跟治療師談話時都會錄音。有時候我會倒帶來聽，尤其是晤談中釋放出許多情緒時，我怕我因此錯過重要的資訊。但是盡量用紙筆就好，除非你的案主要求你幫他錄音，或者你希望所說的話有憑據（例如處理困難個案時），或者你正在被督導中，或是你喜歡用這個方法爲每次晤談內容詳細記錄。

錄影

你可能想要在房間內裝錄影機。在我過去的家族治療中，晤談時段既有錄影，也經由一組正在受訓的治療師做單面鏡觀察。假如你在這些環境中工作，你可能需要錄影。或者做爲企業家的性教練，你要將案主錄影來向他們顯示他們眞正所說的話、所表現出來的、所展示的樣子（可以收成本費）。我曾經在遊艇舉辦爲時一週的研討會，在私人時段、談話時段中錄影。有時候這些錄影帶是案主最重要的性教練工作會面的紀錄。

電話談話時段

你可以提供電話談話時段。他們可以在電腦上（以利之後下載），或者甚至在一個指定的全球資源定位器（URL）上錄音。你可能想要建立自己的URL來上傳這些錄音，一個私人的網站可以提供案主跟你現場電話的談話時段。這些檔案亦可轉錄成CD給案主。科技是性教練的好朋友。

其他考量

除了如何記下談話內容、花費多少時間在案主身上，還有其他的事情要考慮。在與案主的關係中你所扮演的角色（以及如何將你的角色與期待溝通給案主），將會是你成功的主要關鍵。提供印好的守則，照顧你自己的安全，評量自己是否想要將私人生活曝露給一群陌生人，這些都是在你開始之前要考量的因素。

保密

你能夠提供給他人最偉大的禮物，就是無條件地陪伴他或出現在他們面前。你成爲他們安全的容器，在其中他們可以盡情表達自己。你做爲性教練的角色，是去維持與包容案主給你的任何事情。但若案主正爲深刻的心理傷痛或混淆所苦時——就如同我在這本書中說過許多次的——你可能想要將他轉介給治療師。訂立良好的界線、爲你的角色下定義、尊重雙方的保密性，並且從一開始就澄清期待，你才能夠眞正的爲案主服務。這是在提供你的見解之外的一個重要步驟。珍視這個責任並且賦權給案主，去支持他，才能博得他的信任。當然在你最初的講義或開宗明義談話時就強調雙方的保密性。

給案主的守則

以白紙黑字告知案主你對他們的期待，以及他們對你的期待。在初次晤談時段就把你的守則拿給他們過目（見附錄B）。可以包含：準時付費、彈性收費尺度、保持每次面會、可以取消也可以因沒來而重新安排，以及雙方保密的需求。附上你的證件及聯絡資訊，包括你的電話號碼，或者可以長期晤談及臨時教練的特殊時間。必要時我會給他們寫滿了特殊需要（例如性權利資訊）、出借或販售我的著作之條款。我在名片上寫下他們下次的晤談時間——給他們一個方便的聯絡參考。

通訊地址

如果可能，將一個中性的通訊地址（諸如郵政信箱）印在你的名片上。我從來不會在線上或在我名片上給出我住家或辦公室／工作室地址。要保護自己。有些人認爲性教練是娼妓的掩護。保護你的公眾角色以及你個人生活的安全性。

住商兩用辦公室或工作室vs.外面的辦公室

因爲電訊變得很普遍，許多專業人士，包括教練，在自己家中工作。不在辦公大樓內工作，並不會對地位或形象有所損害。我從來沒有租過辦公室，因爲我發現性教練是如此親密與細緻的工作，以至於我必須在一個安全與溫暖的環境中進行。在我住家辦公室內，我用屏風將書桌與晤談區隔開。然而也有一些需要考量的條件，包括私密性（你可能不想要揭露你住哪裡）、清潔管理（住商兩用的辦公室或工作室需要靠你自己來維持整潔）、空間（在大都會地區空間是受限的）、安全性（在公衆的空間中你可能會覺得比較安全）、支持服務（與其他專業人員分享辦公室空間，能夠提供你接待區及庶務人員）。根據你個人的生活環境來決定什麼對你來說是最好的。我從來不會去租一個無菌的辦公室，看著案主穿著白色的實驗室外衣，但你可能需要一個臨床的環境，給人週延的醫學或教練團隊的印象。或者如果你家有狗及小孩，那麼你可能得去租一個獨立的空間。另外一個選擇是我經常做的，就是性教練到府服務（house calls），尤其是身體教練時。這就沒有辦公室的需求了。假如你主要依賴電話諮商，你甚至可以在海邊或在車上透過行動電話工作，只要你能夠提供案主全心的助益以及清楚的溝通言語。這是性教練在眞實世界中的歡樂所在。

發展性教練業務

有時候一個性教練（或者任何其他教練），執業失敗只因爲一個簡單的原因：沒有人知道他的存在！沒有廣告或沒有網絡導致沒有案主。我上許多全國性的媒體，在網路上的許多搜尋引擎中以及在AASECT的網站上有登錄。我大多數的案主，是透過網路找到我的。他們說：「我看到電視上或雜誌的文章中有引述你的話，而且我在google找到你。」他們也許會到網路上去搜尋當地的性學家。

一些你能夠登廣告或連結的地方：

- 身心靈相關的雜誌
- 專業會議或研討會
- 週報（weekly papers）
- 有組織的索引册子
- 網站
- 專業網絡團體
- 收費工作坊（例如學習附加 Learning Annex）

● 在社區中給予有關性（sexuality）的免費講座

團隊工作方法也能夠幫助你拓展業務，形成轉介庫，推拿師、營養師、身體工作者、運動兼健康俱樂部、醫師（婦產科、泌尿科）、譚崔實務工作者、S&M學會、扮異性者（CD）團體、交換伴侶團體、中醫、草藥師，都能夠轉介性教練案主給你的其他專業人士。考慮將你的教練服務與某個臨床團體或性健康中心結合。以這種方式累積你的案主資料庫之後，你就能自己出來做，假如你真的想做。

更多相關資訊

有一次我在紐約市帶領一個成人學習大團體，是個談女性自慰的工作坊。雖然有九個人預先報名，開始時卻只有兩人出席。我很失望，然而其中一位女性成了我的長期案主。當你未能達到工作坊上課人數底線時，請勿沮喪。採取正向態度，你正在行銷你自己而有某個人——即使只有一個——在聆聽。如果你很在行且對工作有熱情，你會成功的。熱情與良好技術，是吸引案主的磁石。

擴展你的業務

雖然你會認爲性教練業務是指在辦公室或工作室，一對一的案主晤談，但它是可以擴大的。拓寬你能做什麼及在哪裡做的思考。

加值服務

假如你沒有現成的聽衆或案主名單，你能以學習更多的技巧並加入你原有的服務，來擴展身爲性教練的影響範圍。例如，你可以專門做綜合業務，像是催眠治療及性教練，生活或個人教練及性教練，有執照的按摩治療及性教練，神祕療癒形式（例如靈氣，用手觸摸的治療）及性教練，反射學與性教練。這樣的話，你會需要附加的訓練，而且可能還要繼續進修，但這些會帶爲你的生涯帶來極大的助益。

認證

你能夠以獲得認證來增加你的知識與特權，例如人類性學高級研究學院，那裡是你能夠被認證爲一個性學家的地方。AASECT 提供性教育、性諮商或性治療的認證，是我許多的認證之一。將來你能夠在性教練大學的網站獲得教練認證。你也能經常去性學會議並獲得繼續教育學分（CEs），或甚至提供你自己的活動作為繼續教育認證。在伴隨的業務中考慮獲得其他認證，例如風水或個人訓練師，如果你有附加這些服務在你的業務中。你能夠帶到性教練實務的東西，是越多越好的。

銷售、宣傳及公關

沒有媒體，你無法在美國眞正的成功。我以全球性的規模來使用媒體，但是你可以以被在地媒體報導的方式建立你的業務。不是所有的性教練都能夠受到國際雜誌的引用，或在全國性的電視談話秀中出現。在鏡頭前說話可能令你畏縮不前。在能配合你特殊優點的媒體前推銷你自己。就是去做一些事情——任何事情，眞的——去展現你的才能。

市場與管道

以下是可探索的媒體市場與管道：

現場廣播

錄音間的節目。接受每一個成爲來賓的機會。與當地談話秀主持人建立持續的關係，讓他們知道他們可以一直邀請你來談論性（教練）。假如你是一位很好的來賓，你也許能發展出自己的節目，或者成爲節目固定的來賓。

衛星廣播

這個新媒體非常受歡迎而且在大幅成長中。與錄音室的節目類似，但在通勤時間播出、非家庭導向的節目，會比較合適在空中播放跟性有關的內容。

網路廣播

網路廣播無遠弗屆，而且透過媒體觀念的進步而日益發展，消費者使用時也比較自在。上 www.surfnetmedia.com 搜尋成爲來賓及主持你自己節目的機會。網路廣播節目是有存檔的，聽衆可以在任何時間下載。它們會永遠存在。

現場電視節目

從地方有線電視到國際網路電視網，所有的電視節目都會邀請專家。而在收視率評比時，性專家是特別受歡迎的來賓。專家是脫口秀的常客，但甚至是新聞故事與紀錄片（CBS 新聞、歷史頻道、獨立製片家等等）也把專家的評論加入節目中。主持你自己的電視節目是有可能的，尤其假如你願意從當地有線電視台或大學電視站開始。

雜誌

全國性的雜誌，特別是女性雜誌，談性這個主題時，常會引述專家的意見或故事。假如你自己寫書且書中文字常被引用，名字可能會常常上雜誌。

新聞記者

對要求你協助撰文的新聞記者，要有禮貌且盡量配合！你越能大方地撥出時間，在版面上獲得的酬償就越高。我經常為全國性雜誌的作者或地方新聞挪出採訪的時間，而且我真的很喜歡跟作家或新聞記者聊天。即使你厭倦了記者，你也擔當不起疏離他們的代價。給你一個忠告：小心新聞記者，他們可以自上下文找出一句對你不利的、會引起軒然大波的話。謹慎發言。在付印之前要求看最後的稿子，但很少記者會同意讓你看。切勿做評斷性的評語或控訴，比方說：「我知道醫學中心主任虛報病人數目……」，或「我們的市長是個混蛋，因為讓小孩……」。做一個圓滑的專業人士；說話誠實，有風格及具權威性。當你想要分享一些辛辣或個人的事情時，特別要說：「請不要記錄，我的意思是……」，千萬不要在報上或雜誌上說出你自己的性經驗。

書籍

寫你自己的書，就算是自費出版也值得，你必須讓自己的名字登上媒體。但是也要先警告你：出版是一個艱苦的事業。找一個文學經紀人，提出一個紮實的、專業的、獨特的寫書計畫。一直嘗試，直到你獲得一個經紀人為止。經紀人與出版商的競爭是很僵化的。假如你沒有他們所謂的平台（platform）或廣大人脈／響噹噹的名號，那麼預付版稅會非常少。但你需要一本書。視它為一種投資，就像是完成更高的學位。

地方報紙

尤其是週報。地方報紙對你的引述，可提高你的業務在社區中的可見度。保持地區廣告／名錄。甚至向編輯建議寫你自己的專欄。稿費不多，但是能帶給你知名度並吸引案主認識你。

網站

最重要的是建立自己的網站，其功效就好像在網路電話號碼簿的廣告裡提供你的服務。你的網站，在媒體要尋找可以引用的話，或找一個代言人時是很棒的名片。你可以將它做得簡單、有互動性的；可以自己架網站也可以雇請有才幹（且相當昂貴的）專業人員。

你的性教練業務是否成功，取決於你有多積極追求擴展，以及有些人稱爲毫無羞恥的自我推銷。記住，這是成爲有吸引力的教練守則。盡可能像磁鐵一樣，吸引案主且讓案主能夠找到你。發揮創意去思考如何增加性教練服務的範圍。進入公共推銷的行列，並且發展業務上的覺察。能使你的業務蒸蒸日上的方法，多得不得了。繼續努力！

更多相關資訊

一旦你在媒體亮相，就會有人對你提出這種要求：「我們能訪問你的案主嗎？」有些記者堅持要你給出案主的姓名及聯絡資訊，報酬是爲你製作一次專題報導。學習說「不」的藝術——而不失去你參與媒體的機會。

曾有一個全國性的電視新聞雜誌，想利用我談論我某位個性外向的案主的故事。這位案主說如果我願意與她一起上鏡，她同意在鏡頭前討論她的性問題。在原先的製作人離職後，新的製作人準備播放這個故事，卻沒有我的畫面。我知道那個片段必定會剝削我的案主。我威脅要提訴，他們則威脅永不再聯絡我。我的立場堅定，因爲保護案主是我的倫理職責。那段影帶後來並未播出。我絕不再讓案主掉入有任何剝削可能的情況中。

搞懂它！

說出建立你的執業架構時你能辨識的三個因素：

1.

2.

3.

使用媒體來擴展或促銷你業務的兩種方式為何？

1.

2.

第三部

性教練的服務

【第六章】

案主評量準則與性教練方法

截至目前爲止，本書已經提供你性教練專業之總覽，以及你必須具有的相關資格。現在，你會看到性教練的原則將如何運用於解決特殊性議題與性擔心。

本章所涵蓋之性教練模式包括：

- 我自己的梅貝斯模式，既是哲學也是評量，以及提供性擔心的解決選項之方法。
- 貝蒂・道生高潮引導教練方法。
- 喬・克萊馬的男性自我愉悅範式。
- 能量調整技術，包括靈氣。

你在本章的學習，會協助你循序漸進地進入第七至十二章的詳盡內容，我們會陸續討論到男性、女性及伴侶最常見的性擔心。學習這些教練模式，也會幫助你建構一個在實務中可使用的工作標準。

性教練歷程

有許多性教練的想像方法。本章討論貝蒂・道生、喬・克萊馬及我的梅貝斯方法——提綱挈領列出各派會採取的特殊步驟，並提供有關性代理人之資訊。但是首先讓我們來看看眞實的性教練歷程。

性教練是什麼？

我已經談論過我身爲性教練的哲學及方法，尤其是使用梅貝斯模式，此處乃以另一個方式來看待性教練實務所能提供給案主的服務：

1. 有關性的個人化資訊與教育
2. 重新引導認知歷程及心理框架
3. 情緒平衡
4. 直覺引導
5. 行爲訓練

6. 資源與轉介管理

性教練不是談話治療，而是因案主想設立及達到性實踐的目標所啓動的一種方法。性教練並不回顧案主生活中的蹣跚與崎嶇。反之，他牽起案主的手，引導並賦權予他，指引他完成夢想。聚焦於未來的結果，性教練是一段歷程，而不是一個事件。它不僅包括談話，而且進入情緒、施行許多不同的特殊練習、出家庭作業讓案主自己或與伴侶一起完成、閱讀、觀賞錄影帶、寫作，以及最重要的，勇於改變。

性教練如何做?

在治療性擔心時，有五個基本區域必須先被發現、討論、打通，然後校準。對大多數人而言，這五個因素必須調準到性的實踐方面。這些區域爲：

心智（Mind）

資訊。自我談話、有關性操作（sexual performance）之想法、幻想之能力及困擾的想法模式，如強迫性。

情緒（Emotions）

感覺。一個人自過去以來所背負的有關身體和身體形象，所壓抑的及所表達的，如何表達情緒以及親密能力之種種感覺。

身體及身體形象議題（Body and Body Image Issues）

身體的。一個人對自己的性模式如何運作的認識，對自己身體性結構與功能的了解，對自己性功能的承認及接納，以及學習如何成爲一個成功情人的技巧，無論是單獨或與伴侶一起。

能量（Engery）

性就是能量！能量的建立、儲存及表達。在一對一的工作中，我觀察到個人以及伴侶的能量模式（非身體的關係動力也是能量交換），而我會給予教練回饋（coaching feedback）以處理這個經常被忽視的部分。

靈性（Spirit）

自我精要。奧祕的時刻，或超越當下的實作（如高峰高潮經驗）、神聖的性、人們經由性而有的微妙和細微的否認或是其所反映的內在自我，以及體驗神或上帝的性之途徑。

誰能使用性教練？

任何成人都可能自性教練中獲益。我對於男性、女性及伴侶們實施教練工作。也歡迎青少年上我的網站搜尋大量有關保護與健康的資訊。我的工作亦歡迎男同性戀／女同性戀／雙性戀／跨性別者，雖然我的網站和我的個人教練時段主要是異性戀導向的。

性教練如何幫助一些常見的性擔心

九種男性最常見的性擔心在第七章中有詳加說明。它們是：

- 低或無性慾（LD）
- 早發性射精（EE）
- 勃起功能障礙（ED）
- 遲洩（DE）
- 性壓抑（SI）
- 身體自在議題（BD）
- 社交／約會技巧缺乏（SDSD）
- 強化愉悅的慾念（EP）
- 性創傷（ST）

男性經常呈現不只一種擔心，因爲這些問題是互相交錯的。例如，有早發性射精（EE）的男性經常忍受勃起功能障礙（ED）之苦，因爲他們太快洩精而失去勃起。

十種女性最常見的性擔心在第八章中均有談到。它們是：

- 低或無性慾（LD）
- 前高潮原發性（無法達到高潮，不論獨處或與伴侶）
- 前高潮次發性（與伴侶無法達到高潮）
- 性交疼痛（很痛的性）
- 陰道痙攣
- 性壓抑（SI）
- 身體自在議題（BD）
- 社交／約會技巧缺乏（SDSD）
- 強化愉悅的慾念（EP）
- 性創傷（ST）

八種伴侶最常見的性擔心在第九章中將詳加說明。它們是：

- 無性關係：關係中很少性或無性
- 觸碰嫌惡或錯置的碰觸溝通
- 有關性慾／不均衡性慾之衝突（UD）
- 有關一夫一妻制／婚外戀情的價值觀之衝突
- 操作技巧缺乏（PSD）

- 身體形象議題（BI）
- 溝通作風衝突（CS）
- 磋商技巧缺乏（NSD）

梅貝斯模式的性教練

我使用梅貝斯模式做爲評量及行動計畫之設計工具。在初期評量時，此模式做爲決定案主帶至性教練中的議題、問題或擔心的標準。換言之，案主爲何來此？再次說明，MEBES並非診斷疾患的醫學模式或心理治療評估工具。醫學和心理治療模式，常將性教練在人類性表達的廣大光譜中視爲自然的行爲，給病理化了。我常將初談筆記以M、E、B、E或S分類編碼，顯示每一位案主擔心的領域。一旦評量完成，我就使用梅貝斯模式來討論已辨識的擔心。

閱讀以下描述，應有助於闡釋阻礙你案主性實踐的情境和環境。你亦會很快地對如何發展行動計畫有更多的實際知識，可利用他們獨特的技術及能力來克服其障礙。

梅貝斯模式所衍生的行動計畫

一旦你已經辨識是梅貝斯模式中哪些因素在影響你的案主，你就能夠建構行動計畫。這是你的引導力量，做為討論所引起的擔心之準備步驟。

M（心智或精神，Mind or Mental）

一個人所想的或認爲他所知道的，自我對話（他告訴自己的話）、資訊、過去擁有的信念、目前的信念系統（belief system, BS）等等，都可以妨礙人擁有滿意的性。

在此類別中的許多案主，都需要教練猛推一把。他們之所以受到阻礙，是因爲負面的自我貶低的談話、缺乏性資訊或者錯誤的性資訊、有負面的性價値系統或負面的個人信念（來自家庭、教會或同儕），或只是缺乏幻想更棒的性的能力。我告訴他們性始於腦袋：你的精神領域可以是你在性方面的最佳盟友，也可以是最壞的敵人。經由教練，他們學習如何以消除負面思考——比方喪失勃起，裸體時看起來很胖——來關閉腦袋中壞的性部分，並矯正錯誤資訊。

你將是案主群的老師，晤談時致力於教導、再教育，協助轉換負面的心理方面的自言自語至正向的內在訊息。例如，你可以改變案主的「糟糕思考」（stinking thinking）（十二步驟的行話）成爲正向的自我關注。教導他不要再胡思亂想，認爲自己在床笫之間不夠好；告訴她陰蒂是愉悅的主要處，並幫助她拋開以陰道爲中心的性形態。

內幕故事：令人難忘的憂傷女性

早期我曾在本州生育計畫附屬機構，擔任下鄉工作者，那是一九七〇年代，我當時替一位令人難忘的案主做諮商。她是性無知與混淆的經典個案：當有人教她在子宮帽內使用膠狀物（jelly），她很聽話地在那裡塗抹了大量的葡萄果醬（grape jelly）。結果她當然懷孕了，而且之後還非法墮胎，使得她終生心靈受創。一個簡單的事實資訊，是可以挽救不必要的悔恨與憂傷的。

E（情緒，Emotions）

一個人的感受、他的性歷史／情緒包袱和歡欣時刻、在性歷史表格中所透露的過往情緒困擾、虐待事件或虐待模式、難纏的三元素（恐懼、罪惡與羞慚）、卡住的感覺（通常會以憤怒來宣洩）。

好幾種教練技術可以引發情緒並清除它們。例如約翰・葛瑞的情書（Love Letter，出自《男人來自火星，女人來自金星》一書）即能幫助清除負面情緒，並將受阻礙之情緒重新導向。你可以教練一個生氣的女性搥打枕頭或在車子裡盡情吶喊來發洩她的怒氣。我教練一些案主在洗澡時大聲唱歌，或在運動間練習拳擊來釋放負面情緒。運用你的想像力，爲你的案主建構一個可以深入討論其情緒阻礙的選項。

在我自己的個人成長訓練中，我曾上過約翰・葛瑞創立的洞察轉變專題講座（Insight Transformational Seminars）。我們學習將情緒視爲移動的能量，消除其負面情緒。情緒是中性的，不好不壞。胸部被情緒凍僵成冰的女人的故事，即說明了情緒如何可以成爲強有力的朋友或敵人。

B（行為／身體，Behaviors／Body）

一個人所作所爲，對他的生理自我，身體語言，情感徵兆、性操作及技術等方面的感覺。有些案主不知道如何成爲情人，無論是好或壞的情人。你會有無法分辨G點與鼻尖的差別的案主。其他人則會因要學習特殊技巧而尋求協助，例如碰觸、接吻或口交。你也一定會有希望能夠重燃關係熱情的伴侶案主。他們身體所做的——和所不做的——就已經說明了其性知識、技巧、性慾及功能層次。

你也會有一些有身體形象議題的案主（將於第七及第八章中深入討論）。許多性擔心都是屬於身體形象的類別——但它們並不常以口語表達出來。要很注意案主到底有無做到他們所說的事。

內幕故事：有可怕大腿的女孩

席玲很像是從Vogue雜誌走出來的模特兒——輕盈的體型、光亮的頭髮、完美的臉龐。當她走進我的工作室時，我目不轉睛的盯著她。這個就是所謂有可怕大腿及醜陋身體的女人嗎？

當席玲打電話來預約時，幾乎是在啜泣，她說：「佩蒂博士，我真的無法接受我自己醜陋的身體，我不能開燈做愛，而我男朋友一直煩我，叫我一定要想辦法處理它！」當她在我對面坐下來。我試著不聚焦在她的美麗：「席玲，你能多告訴我一點嗎？」我問。在討論有關她的一些擔心之後，我試著告訴她她非常的美麗，以減緩她的不自在。

突然間，席玲站起來拉下她的長褲，指向她右大腿上方內褲邊緣處，並說：「就是這個可怕的東西，我不能讓一個男人看我這裡。我恨這一塊脂肪團！佩蒂博士，我要怎麼辦才好？」她尖叫著。

有時候性教練的生活是很沉重的，有時候卻很難忍住不大笑！就在這個美麗的女人大腿上，只是一個白色凸出的小點，不會比一毛錢銅板大。這就是所謂的可怕的身體，使得她在性方面關閉多年。

我們花了半個時段討論選擇性。她願意選擇自我接納，相信一個閱歷良多的性專家正在告訴她，這一點不完美根本沒什麼了不起？她是否堅持去做抽脂術或整形手術？她會承認其實她所擔心的要比這個小突出物還多嗎？她最後承認自有記憶以來，就很害怕在臥房內脫光衣服。在隨後的幾次晤談中，我教練她要自我接納並克服身體羞慚，而且給她一帖可靠的現實檢視之藥。當然我給她允許去表達她自己為一個有性的女人（sexual women）。這是她未說出來的需要之一。然後她就笑容綻開了！

最後一次晤談時，她告訴我前一個晚上開著燈的浪漫行為，臉上充滿得意之情。一個案主如何感覺自己的身體，是能決定性是愉悅或災難的要素。一件小事情——就像一小點的脂肪團——可以改變一個生命。

E（能量，Energy）

使得一個人覺得活著的氣（chi），或者是一種宇宙間流經每一個生物的生命能量，能量學／流動。

每樣東西都是能量。這是韋恩・戴爾（Wayne Dyer），知名作家及演講者，在他有關情緒能量學的 CD 中的基本訊息。他描述情緒震動的尺度，從低震動感的罪惡與羞慚到高度震動感的愛。各種能量都會影響每一個人，不管他有沒有意識到。

身爲性教練，就是要使用更多微妙的技術去注意與觀察，或者以感官感覺你案主的能量流動。

S（靈性，Spirit／Spirituality）

一個人的純粹本質，靈性方面的信仰系統（並不總是與他的宗教相同），內在自我。靈性無所不在。就如同氣（宇宙生命力量能量）一般，我們的靈性貫穿我們整個人。我通常以一種特別的方式與案主開放地討論有關性和他們整體生活中靈性的層面。他們似乎了解本我是一直存在的，自出生至死亡，無論外表如何。「它是內在的你。」我說。

如果你對奧祕世界感到自在，性教練這些案主是一定得在盒子之外的。教練案主與其伴侶使用「我—陳述句」（I-statemant），去接近她的直覺面，或者去感受高於智力的無所不知，是靈性領域中運作的成分。如果你能讓案主瞥見生命的這個層面，定義為比自己更偉大的某事，你就給了她較廣大的未來之鑰，或許是幫助她尋找「神聖鍾愛的」伴侶，或許是令她對譚崔的性大感興奮。

有時案主有點轉向空靈之路，例如，感覺與前世連結，或與他們的「精神引導靈」（spirit guide）談話尋求引導。這些轉折與轉向至看不見的領域，可以促使一些人的生活變得更好。卡住的案主會對於和你一起碰觸生命的深處有所回應。帶領他們走出來並勇於去實驗。

你可能會碰到案主要求你引導他們的性與靈性交融合一。身為他們的性教練，知悉本地資源，為他們從糟粕中找出菁華，是你的工作。靈性的性教師很多，有關性表達方面的課程亦很多，但其中有許多是不道地的。瀏覽附錄E有關靈性的性之合格資源，如謝明德（Mantak Chia）、阿南德（Margo Anand）及狄帕克．喬普拉（Deepok Chopra）。

內幕故事：在樹林裡跳舞的男人

當傑佛一進門我就感覺到他是一個很不尋常的案主。他非常痛苦地知覺到，接受攝護腺手術後，他的男子氣概盡失。但是真正的議題並非勃起之品質，而在於他無法射精，射精使得他感覺像個「真正的男人」——而不論多久的教練時段，也無法使他重新獲得此功能。

「我願意做任何事情。」他說。「我是一個很有靈性的人，而且我覺得跟你親近到可以談這議題。我是一個狂野的男人，即使我已經快要六十八歲了！我願意做任何事情來讓我重新感覺到我是一個完整的男人。」

我了解他正處於靈魂危機之中。他能夠產生勃起，但是失去的精液每天都在折磨他。他的自我形象已經降低到最悲慘的層次。我必須思考一些激烈的名詞，來為一個如此開放及容光煥發的人設計一個行動計畫。此人處在極端的痛苦中，但是卻打從心裡願意接受任何建議。我們談到他所能做的事情。他住在鄉下，愛好大自然，經常跟朋友在樹林裡打獵，這也使得他覺得強壯且有男子氣概。

「傑佛，」我問，「你曾經單獨去打獵過嗎？」他微笑說道，「你怎麼知道我已經計畫禮拜六要去？你懂通靈術嗎？博士？」我笑起來，向他保證我完全沒有通靈的能力。「這是有點過頭，但是你會願意去想出一個特別的儀式來向你的射精道別嗎？……你知道，做一個結束，而且或許埋葬它？就像一個典禮？」

「當然啊……我願意。」他說，笑得比之前開朗。

「讓我想想看我要怎麼做。」在他離開之前他這麼說。

兩週後，傑佛腳步輕盈地回到我的工作室且面帶笑容。「哇！我做到了，要不要聽聽看？」

「當然啊，我等不及！你看起來年輕了二十歲。怎麼樣了？」我是如此的興奮以至於我在他說話之前也跟他一起在房間裡面跳躍。

「噢，我創造了一個儀式。我找來四個木盒子，漆上儀式性的圖像——你知道，像動物和樹和花和臉孔——在箱子外面。我寫下我的感覺，把要說的話寫在許多張白色的小紙片上，放在每個盒子裡。然後我就做了一個很長的祈禱，脫下衣服，在月光中走進我家附近的樹林裡，繞著我能夠找到的最大的樹跳了三次舞。」

他停下來深呼吸。我聽得入神。「請繼續說。」

「繞著那棵雄偉的橡樹吟唱及裸體跳舞十分鐘之後，我用鏟子挖了兩個大洞，以儀式一般的莊嚴，我做到了……我（他開始有點哽咽）……我埋葬了我的射精。我說了再見，而且——這是最棒的部分——我宣示我的男子氣概已收復。我覺得我好像是重生了。我真愛你！」

一個深具靈性之人，做了如此英雄式的創舉。他創造了對自己重要部分的告別儀式，然後也發現了表達男子氣概的新方法。那天晚上在樹林裡，一個簡單的告別行動，重新找回這個男人的完整性。我經常想到他的創意及勇氣，他不但接納他的直覺本質，也將其化為行動。這是一個罕見的經驗。我永遠感激我的冒險嘗試——建議他一張不按牌理的牌，也感激我有機會能跟內在如此美麗堅韌的男人一起工作。

在隨後的幾週裡，傑佛的勃起（由他的唧筒之幫助）逐漸增強。他甚至往新的關係前進，也碰到了他的夢中情人。我希望他們此後生活快樂。跳進靈性的未知領域，是他跟我一起為他的療癒所冒的險。

性教練的公式

這是我幾乎在每一位案主身上使用的基本教練公式。你會發現此組步驟對你與案主的工作非常有助益——而且你可以改變公式，去創造與你自己的訓練更貼近的步驟，並且，當然也要符合案主的獨特需求。我通常依序遵循這些步驟：

步驟一　給故障（breakdown）下定義：

就個人及伴侶教練而言，爲性擔心——或者用我比較喜歡的說法，爲故障下定義。哪裡發生故障？伴侶的性關係中，什麼事發生故障了？

此步驟在初談（通常簡短地在電話上）及第一次面對面晤談時進行。假如你是與一對伴侶在電話上進行教練時段，而不是面對面，確定這兩位伴侶是在不同的房間使用自己的電話。

步驟二　進行完整周延的初談與評量

使用附錄C中的評量表格（男／女），或修改它們以符合你的背景及強調出你的專業。你也可能想要看看推薦閱讀書單中的許多書籍裡的性歷史表格，例如哈特曼與費錫安的《性功能治療：生物─心理─社會的方法》（*Treatment of Sexual Dysfunction: A Bio-Psycho-Social Approach*）。初談／評量是你對案主一開始的時間上的投資，你將會於性教練歷程中得到報償。

我通常以電子郵件將初談與評量表格郵寄給案主，並要求他們上網塡答，且在下次晤談時段之前寄回。我與案主個別地（非一對伴侶一起）在私下晤談時段評估初談。

當你閱讀初談資料時，在任何閃黃燈、飄紅旗等引起你注意之處畫線，諸如早期潛在的創傷事件、僵固的負面身體形象議題、無法懷孕、有墮胎歷史或失敗的性表現。特別注意最初的性經驗。研究案主關係史的叙述故事（或者他們隨手記下之事）。案主寫出的關係史不管多少，都可揭露出一些情事，如親密的能力、伴侶數目、成功的關係經營及可能不會在晤談中描述的性經驗等等。對某些案主而言，這可能是個挑戰，或者甚至根本不願意塡寫。若如此，則使用面對面晤談時段（或電話）來收集這些重要的資訊。像偵探一樣找出線索。

步驟三　創造一個行動計畫

個人和伴侶要修護故障的可能選擇性有哪些？在你開始之前就創造一個行動計畫。你可能預料到有些案主急著要快速修護，也有的會要求你立即告知所需的晤談次數（且越少越好）。你要以同情心及個人堅定的信念，說「我不知道」。務必要案主一起參與，來辨識他們性擔心的原因，並討論克服這些成因的一些方式——這將能幫助他們了解，他們不可能在一夕之間達到目標。

少數案主可能說他們已比較過好幾家，發現有些性協助中心承諾只要幾次就會有結果。那只是表示諮商停止於某一點，並非故障已修護。許多伴侶在傳統治療中無法得到他們所需要的，就會來找性教練。他們可能對一般的治療歷程感到厭煩，而且在知道需要等待一段時間才會有結果之後，會很想要有立即的答案來得到滿足。無論他們的理由爲何，你不能做承諾。

訂定出晤談次數並保證有結果，是幫案主及性教練的倒忙。同樣的公式會在不同的案主身上，以不同的方式及不同的步調運作。勸告你所有的案主，請他們信任你的歷程。

步驟四　建構、複習並再回顧此計畫

衡量朝向目標的進展，一邊進行一邊調整。每次晤談都應給案主至少一樣具體可帶走的東西：一個特殊的觀察、建議或作業。那會給案主一種往前的移動感，一種成就感。在談話治療中，案主沒有帶東西回去，可能會有被欺騙的感覺。

步驟五　在每次晤談時段建立一些新的選擇

教育案主開拓性領域，改變態度。不論案主是接受幾天、幾週或幾年的教練，他們應該聚焦於其中一些成分：

- 正確性資訊的教育及有關性的現實期待
- 溝通與磋商技巧之發展
- 性的自助選擇性
- 性的自我探索與自慰
- 案主特殊的、有標地的認知與情感選擇性（正確資訊的重新框架、關係修護、信念系

統、情緒阻礙、療癒過去、寬恕，怒氣處理）

- 性行爲改變，包括技巧演練的新活動及強化性愉悅的行爲改變；克服性問題與擔心的訓練
- 自在區域以外的探索及非典型性的實驗（見第十二章）
- 自助書籍、錄影帶及DVD
- 將靈性的某方面帶入性的考量

步驟六　進入尾聲

如果可能，在令案主及你雙方均賦權的一個結束時段中完成教練工作。他們會給你關於你性教練的回饋，讓你了解你的成功之處以及或許需要改進的地方。一個結束時段亦給案主一種與你一起完成歷程的感覺。一個好的結束時段似乎能減少許多教練後的危機來電。

結尾能夠讓教練歷程提升至一種藝術形式。就像將你的畫框起來或者掛在牆上。假如此時段揭露出過程中的缺點或明顯的失誤，它還是提供了一個感覺良好的時刻。如果你不能夠親自做一個結束，也要以電話、信件或電子郵件來邀請案主做結束。如此你的案主才會有機會來感謝你，而你也可以感謝他們。

性教練的其他模式

除非你非常確切地與梅貝斯模式有所共鳴，或者有接受其他能驅動你性教練方法的訓練，不然的話，你需要採納其他人的工作於你自己的教練中。

身體教練

這是一個性教練的形式，包含性教練對案主的露骨示範、裸體或碰觸。或許最爲人所知的兩位身體教練實務工作者，就是紐約市的貝蒂・道生，她專門與女性工作，而她西海岸的男性夥伴，加州奧克蘭的喬・克萊馬，則是主要與男性工作。道生與克萊馬皆以性教育師開始他們的生涯，他們將重點放在自慰上，然後經過許多年的擴展，進入身體教練的工作。

你可能想，也有可能不想，將身體教練納入實務中。當你閱讀隨後幾章時，你會看到許多以身體爲基礎的性教練例子，對某些案主來說是既有用且恰當的。你可能會決定只維持談話的實務，而將身體教練轉介至外。我很希望更多的性教練能鼓起勇氣，以此困難但有酬償的方式來與案主連結。

看到你案主的裸體可能是令人畏懼的經驗。我甚少提供觀看時段（viewing session）做爲一種選項，但是有些男性發現這類身體工作基本上是可以改變生命的。社交和性方面孤單的害羞單身男性，可能會被他們自己對身體形象的擔心所折磨。對於這些少數特殊男性，我提供一個觀看時段，要求他們做好心理準備，讓我看他們的陰莖。我不碰觸我的案主；我只是觀察。在小心安排的情況中，他們可能會產生勃起，需要準備安排的包括：一個可以坐或躺的特別沙發、一些毛巾、面紙、個人的潤滑劑，及最常見的色情電影來引起他們的激發。

你可能會奇怪，在這些情況中案主是否會將他的激情能量朝向教練。這從來沒有發生在我身上。對於這種特別時段，我準備得很小心，因此案主從頭到尾將會專注在自己的勃起上。我幫助他們發展心理的幻想，或鼓勵他們聚焦在房間內放映的成人電影。對於有陰莖尺寸擔心的男性，一旦他們產生了勃起，我便正向地評論他們的陰莖。通常我對他們整體的身體自我給予正向的評論，包括五官、體格、健康及男子氣概。

身體教練，需要在性教練能力、訓練以及經年累月曝露於案主及螢幕上廣泛的性表達中，有足夠的自在感及自信心。最重要的，你必須能夠將你自己與房間內那些色情能量保持距離，而且即使其中一些指向你，也不會不自在。移情與反移情在性教練中會出現，就如同在大多數傳統治療的形式中一般，但它們在性教練中可能更難以容忍。或許你很不願將身體教練納入工作，但其實是沒關係的。

貝蒂・道生

貝蒂・道生是一位性教育先驅，也是作風直截了當的性教師，自一九七〇年代至九〇年代帶領清一色女性的工作坊。她教練方法的主要特色爲：性發現與豐富的自慰技巧、引導高潮的性教練實作，女性性器官覺察／接納，以及鼓勵有愉悅的性。道生的知名著作《解放自慰》（*Liberating Masturbation*）樹立了她在此領域的權威，也觸發她去寫《個人的性》（*Sex of One*）一書，我鼓勵我所有有高潮擔心的女性案主閱讀此書。她的下一本書《雙人的高潮》（*Orgasms For Two*），分享她對於伴侶的性的激烈觀點。

做爲一個率直的性教師，道生在私人教練時段中碰觸案主時，經常是深入或捏擰的，是實在的激發高潮的身體教練。她的身體引導的教練方式是她所有錄影帶的主題——被思想開放的性教育師們廣泛使用，也被我高度推薦給案主。錄影帶包括「自我愛戀、慶祝高潮」（Self-Loving, Celebrating Orgasm），這是我最喜歡的按部就班女性高潮引導，還有「女陰萬歲」（Viva La Vulva!）。這些露骨的錄影帶中，一群女生曝露她們的性器官並美麗地展示道生風格：直率的、個人化的、直接的且自主的。

喬・克萊馬

某種方式而言，克萊馬是道生的男性版。他聚焦於男性性器官自我按摩及肛門愉悅。克萊馬在高級人類性學研究學院開設一個情色身體工作訓練課程。根據他的DVD「山上之火：男性性器官按摩」（Fire On the Mountain: Male Genital Massage）的封面，他的教練特色包括：自我情色按摩示範，包括肛門性衝動；療癒心—性器官連結的實用性智慧；轉變性羞慚；強化並延長高潮。

他的男性性身體教練之靈性化方法，全是由他一個人任課。二〇〇三年，克萊馬開始教授加州第一個政府認證的情色身體工作課程（見www.eroticmassage.com／研究所課程描述）。

在他的《自慰教練概論》（*Introduction to Masturbation Coaching*）一書中（一個線上課程），他寫道：「貝蒂・道生最近寫信給我，『我的信念是，在自慰時實際操作（hands-on）的性教練，是我們未來如何教導性的方式。自一九七三年以來，我就一直帶領團體如此做，而且自一九八〇中期以來，我就一直與我的案主實際操作。』」

如果克萊馬與道生如願以償，則性教練會全部以實際操作進行。

代理伴侶

性代理人（或代理伴侶，因有些實務工作者寧可這樣稱呼自己）已進行多年。古代神聖的廟宇妓女因其天賦被衆人尊敬及崇拜，通常是所有男性的性代理人。今日神聖的妓女則爲受過訓練的專業女性，在性學家的引導與轉介系統下，以她們的身體心智去服務案主的性發展需求。《亮光之女性》（*Women of the Light*）一書由雷・史達布斯（Ray Stubbs）所著，他深具開創性的書寫，是此主題的最佳資料來源。雷是我在高級人類性學研究學院就讀博士課程時，我的性身體工作之個人訓練者。琳達・薩維吉（Linda Savage）所寫的《重新收復女神之性》（*Reclaiming Goddess Sexuality*）一書，是獨樹一幟的巨作，是另外一項在女性神聖的性脈絡中，性與靈性結合的重要研究。

當然，關於教練實務中的代理人使用，我是有一些告誡要說。在你爲案主安排代理人時，要知悉在你所在地管理付費性伴侶使用之法律，並上國際專業代理人協會所主持的全國性代理網站查詢。

上網找尋資訊時要非常小心。許多宣稱自己是性代理人或身體教練專業的人士，其實是僞裝的妓女。將案主轉介給他們可能會將你送進牢房！記住，一個性代理人應該與身爲性教練的你一起工作——由你倆引導歷程。只有極少數的女性是有資格既爲代理人又是性學家。

檢查任何宣稱自己是性代理人又是性學家的證件，並不是難事。

在性代理人見案主之前，要先與她磋商費用與條件。按照你的行動計劃，她將與案主單獨工作，並遵循每位案主都適用的共通守則。她（或者在罕有情況中是他）能教導性技巧或社交／約會技巧。通常一個代理人幫助一個性經驗缺乏的男人獲得性自信心。她甚至可能會是他見到的第一個裸體女性或者親密碰觸的第一個女性。

照護代理人提供的範圍可以非常廣泛。無論你與她所約定的是何種服務，要求她在每一次與案主工作後向你正式報告，據此提出對她的後續照顧的建議，並要求她遵守。假如你不能夠緊密控制情況，會招來麻煩。對案主每週（或定期）的追蹤，檢查此代理人的涉入是否有效。要恰當地處理，代理人的使用能夠改變案主的性生活，尤其如果他是一個沒有經驗、性方面害羞或表現差勁的男性。

身體教練的非性學方法

你可能會以非性的身體工作、反射論、風水或一些改善生活的全面方法來補足你的服務清單。我轉介案主至非性的身體工作，如靈氣與風水。例如有些案主會發現靈氣的使用（能量的平衡）改善了他們的身體或情緒，使得他們更能夠接受性教練及家庭作業。在工商名錄上可以找到可靠的靈氣工作者。知曉風水聽起來似乎很好笑，但它能幫助你去教練案主處理生活空間中凌亂的物品與錯誤擺設，這對他們的性生活可能有負面的影響。

你是否提供這些服務或者向外轉介全由你決定。我不提供非性學的服務，但是有些教練會。例如你可能會學到穿著衣服進行的技術，如反射學（將身體壓力放在腳或手的某些點上，其中有一些能夠活化性能量或消除過多的性能量），或者針灸／指壓（使用身體中能量的途徑，某些對性功能具特殊功效，如腎臟系統）。傳統中醫的針灸通常是伴隨著草藥，能形成有正向性效果之藥方。例如對於停經後的女性，你可以建議當歸、黑升麻或者野生山藥等相關商品來討論性擔心。

只談話之性教練

對於只談話的案主，你可以使用與身體有關的自助方法，包括在家的觀鏡工作、自我錄音或錄影，及經由錄影帶或 DVD 的曝露教學。雖然不做身體教練，你還是能夠在教練時段從案主在家密集的身體工作得到他們的回饋。有些案主對其他的助人專業者工作，例如心理學家、精神科醫師、社會工作者及婚姻與家庭諮商師，並未說出他們的性擔心，至少不是特殊的細節。這些談話性的專業人員甚少像你一樣，在因應案主性擔心方面受過良好的訓練，而且進行時當然不是很自在。你光是談話時段的版本就與他們相當不同。

性教練作為生活教練

你將會有一些案主，如同以下內幕故事的道格，他自性教練的案主轉型成爲生活或個人教練的一般案主。假如你目前是治療師或諮商師，你會發現這樣有點困難。但若你本來就是一個教練，你可能不會覺得有困難。當接受性教練的案主已經完成了他與你的工作時，通常你可以繼續當他的生活或個人教練。

內幕故事：害羞的傢伙

道格剛剛結束一段不愉快的關係，他來尋求教練，希望在開始再度約會前克服性羞怯。我們發展他的性信心，他開始與其他女性約會，並探索性的選擇性，幾個月後，他提出不同種類的問題，主動要求轉變至生活教練。

我們並未討論性，反而經常討論他不同的浪漫關係和一些性的插曲。起先，我使用性教練技術再聚焦於性的工作，但是我很快地發現他想要跳開他所謂「性的東西」，便轉而聚焦於使他的生涯及生活上軌道。我們在三年後還偶爾會繼續教練工作，透過臨時教練方式。

臨時教練

我也稱臨時教練時段為維修（tune-ups）。通常是零星發生，次數不頻繁。典型的情形是一通電話，有時候是面對面，我讓所有案主終其一生都擁有此種選擇性。

接到從前案主出乎意料的電話，對我而言並非不尋常。我們的對話經常如此展開：「喂，佩蒂博士，我是菲爾．史密斯，記得我嗎？」我也經常接到跨性別案主來電，他們遭遇困難、發現了生命中的眞愛，或已做了「下半身」手術。有些沮喪的男案主，因爲太太沒有維持他們在性教練中所做的改變，也會打來。而那些終於鼓起勇氣開始社交生活的單身男性，也會打電話來告知好消息。案主會在好幾個禮拜或好幾個月之後來電，或者就像賈斯汀經過四年以後才說，「嗨，只是向你問候一下。前幾天在電視上看到你，就開始在想你現在在做些什麼……噢，順便告訴你，記得我們一起努力的議題嗎？喔，已經解決了，但是現在我還爲了別的事情很困擾，所以我在想你是否能……」事情就這樣開始了。就如同性發展本身一般，一個案主與性教練的關係可以是一生在一起的旅程。

搞懂它！

1. 描述梅貝斯模式及你認為它能如何應用到你性教練的工作中：
2. 舉出兩個以身體教練工作著稱的人，並解釋他們的焦點：
3. 討論代理人之使用及他們如何被使用於性教練之中：

【第七章】

男性常見的性擔心與處理之道

本章所教的性教練歷程，能夠處理所有的男性性問題、擔心或功能障礙。不論案主是苦於嚴重的勃起功能障礙，或只是爲了強化自己與伴侶的愉悅感而尋求資訊與輔導，處理的方法是相同的。我們從初談歷程開始，附錄C的表格可以協助你。從案主的性史中收集相關資訊，以此決定他的結果目標。以初談表格爲基礎建立的行動計畫，在案主的充分合作下，將會全程引導整個性教練工作。在每一個教練時段中，你可以以圖表畫出案主的進步歷程，看看已經朝目標前進了多少。

許多尋求性教練的男性都已經看過泌尿科醫師。假如你的案主還沒有，建議你將他轉介給泌尿科醫師。在你開始性教練之前，必須除去他的性擔心中任何可能來自身體或生理的原因。當然，教練與醫學照護可以有效地合併於一個問題的治療中。

男性案主最常見的性擔心領域有九種。以下將介紹每個領域中解決擔心的實例選項（sample options），本章亦提供進一步研習的資訊與資源。

如同第六章所提到的，這九種擔心為：

- 低或無性慾（LD, low or no sexual desire）
- 早發性射精（EE, early ejaculation）
- 勃起功能障礙（ED, erectile dysfunction）
- 遲洩（DE, delayed ejaculation）
- 性壓抑（SI, sexual inhibition）
- 身體自在議題（BD, body dysphoria issues）
- 社交／約會技巧缺乏（SDSD, social/dating skills deficit）
- 強化愉悅的慾念（EP, desire for enhanced pleasure）
- 性創傷（ST, sexual trauma）

男性通常呈現的不只是這些擔心，因為問題是互相交錯的。

在你進一步閱讀本章之前，請參閱第二章的各種性治療方法，這些資訊會影響你的性教練歷程，尤其是傑克・安南的 PLISSIT 模式（P代表允許，LI代表有限的資訊，SS代表特殊建議，IT／IC 代表密集治療／密集教練）。

要如何性教練男性案主？

性教練男性案主與對性教練女性類似。我們都是有性的生物（sexual creatures），相似處多於不同處。由於男性在解剖學與生理學上的結構，再加上文化與社會教養的制約，男性的確得承受一些獨特的擔心。你對男性案主的教練將聚焦於他們的特殊擔心，及你以何種方式——基於你的性別、訓練和生活經驗——最能連結來幫助男性案主生龍活虎。

聚焦於結果

大部分男性不喜歡停留在過去。一旦他們已經辨識一個問題，而且全心投入去解決它時，他們想要達到快速的結果。男性對性教練反應良好，因爲這符合他們採取行動的需求。

性教練哲學和行動計劃模式是基於現在和將來，而非過去。如前面提過的，性教練除了在初談歷程的性史部分中有簡短的評量之外，是非常不重視過去的（參考第六章）。教練著重於男性案主的目前性生活狀況，及他與你一起工作時想要的結果。

身爲教練，你必須發現：什麼是有作用的？什麼是沒有作用的？他想要什麼結果？聚焦於決定何種行動，能夠幫助案主達到他想要的結果，而不是聚焦於治療議題。性教練歷程是爲個人量身訂做的，以達到賦權和性正向的目標。你就像個運動教練，幫助案主成爲他所能成爲的最佳情人。這是每一個男人能夠了解且能欣然接受的一個觀念。

注意你的語言

當案主是男性時，語言特別重要。像問題、功能失調、故障和失敗等字眼是公認具有威脅性的字眼，尤其是對男性而言。有些男性會因爲那些嚴重的負面字眼而變得防衛，或退縮至一種受傷的沉默中。

我盡可能使用最無批判性的詞彙來描述案主的情況。我最不想做的事就是暗示我正在教練的男性是個失敗者，所以我通常都說性擔心。

性的醫療化，是性治療領域中一個令人不自在的新趨勢。擔心變成了病況，目標被翻譯成爲診斷，再加上依賴處方箋，如藥丸及器具的治療方法。然而，性教練著重在賦權予男性，不是問題本身。一個好的性教練強調在此領域中的正向改善。

並不容易

記住，今天你在性教練中所見到的案主，並不會比你在傳統的性與婚姻治療中見到的個案更容易處理。十年前威而剛問世之前，案主通常帶著基本的性問題而來。現在有了藍色小藥丸的優勢及性資訊爆炸，需要基本幫助的男性已能夠在藥房、書店、雜誌，或經由網路、透過教育的性錄影帶找到解答。各種場域都有關於性問題的討論。有一般性問題的男性知道他有許多可以處理性擔心的選項，不論是醫學或其他方面。

尋求性教練的男性，問題通常更複雜。這些男性可能曾經做過傳統的治療，試過網路上買到產品，使用自助策略且也去過情趣商品店——努力試過所有自助的方法。當他們出現在你門前時，他們已是懂得不少且有強烈要求的消費者，對於基本資訊和幾個簡單步驟的做法是不會留下深刻印象的。

男性性擔心可以單純到像是身體不自在的議題，例如小陰莖的焦慮所引發的負面性形象，這僅需以一個教練晤談時段來訂出行動計畫。在光譜的另一端，如包含了勃起與射精困難的複合性問題，也許只是因爲缺乏約會或關係技巧造成的，這樣的案主需要多重時段的行動計畫。很顯然，男性性擔心的範圍及解決之道的選項相當多元；再次強調，它們都可以被同樣的教練模式處理。

你必須知道自己的包袱裡有些什麼。你的工具箱裡得有許多不同的工具，以便拿出來照顧你的案主。如同前面所言，你也必須去籌組廣大的資源資料庫。在所有助人的專業中，性教練必須是閱歷最豐富的人，以提供案主最佳資訊。

如何與男性案主進行性教練工作？

我告訴我的案主，教練就如同駕駛課。「我跟你坐在車裡，我坐在助手席引導你，也確保你的安全，但是是『你』在開車。」這訊息是：案主與教練是平等的，只不過我在幫你成爲你所能夠成爲的最佳駕駛人。身爲性教練，我支持我的案主達到他最高的期待，並幫助他以他的方式克服障礙，幫他朝向他的目標前進。我給予他應如何思考、感覺、說及做的特定建議，使他能達到目標。

教練男性的一些基本要素包括：

- 複習並教導有關生活事實的新資訊，如較安全的性、避孕、女性性解剖學、男性性解剖學、男性高潮及射精。
- 更新你的性技巧，去激發興奮及滿足女性伴侶或另一位男性。許多男性達到激發及高潮，主要來自（或至少「起先來自」）看到及經歷到伴侶被激發及滿足，那是大多數男性擺脫不了的情形。
- 促進自我接納、自我覺察及自愛。男性，經常有身體形象議題及其他有關不夠好的焦慮，女性亦同。
- 教導自慰是雙人的性的基礎，也是個人的性的出口。

九種擔心

接下來，是對男性九種最常見的性擔心的深度看法，每一個部分將有：

- 此種擔心的定義
- 最常見的原因
- 有哪些解決之道
- 內幕故事
- 其他有用的資訊

擔心一　低或無性慾

我稱此擔心爲低性慾（LD）。根據刊登於《美國醫學協會期刊及性研究期刊》（*the Journal of the American Medical Association and the Journal of Sex Research*）的報導，十八歲至五十歲的男性中約有15%飽嚐低性慾之苦。你的案主可能會說他沒有如他（或其伴侶）期望的那麼有性慾或經常想到性。案主可能是處於一段關係（同性或異性）中，而伴侶有比他稍強的性驅力。他的慾望層次較對方低，雖然以他年齡層的性慾統計數字來看不見得如此。其他案主則可能很少想到性，很少感覺到慾望，或當機會發生時，少有能量來表達性驅力。大多數男人是在兩個極端的中間，陳述他們不頻繁的性衝動，這種情況令他們及伴侶感到挫折。

原因

以下是低性慾常見的原因，如果沒有處理的話，有些原因甚至會導致性慾消失。

身體的／生理的議題。最大的兩個肇因爲低睪固酮總量；在案主驗血樣本中，生物利用度或游離睪固酮濃度偏低。某些藥物及身體勞累亦會抑制原慾。

心理議題。不良自尊；性自尊偏低、性自我價值之感覺偏低，及覺得自己不恰當（not being adequate），或覺得伴侶不恰當。

精神議題（mental issues）。對性慾的正常頻率有錯誤觀念；與關係伴侶性慾層次不協調的衝突。

情緒議題。有關男性氣概或自我形象議題之內在衝突；主要性關係中的外在衝突，如未處理的怒氣／怨恨；身體的／情緒方面的虐待關係史或目前的關係動力；關係中與性無關的衝突，如擔心金錢、家庭、小孩養育，或一般權力鬥爭的議題，都會趁隙溜進臥房。

不良的性操作問題。勃起失敗史；不良洩精控制；無能力取悅伴侶；因無法恰當操作而引起內在情緒痛苦。

身體形象議題。如：揭露脆弱的恐懼，通常起因於身體遭人嘲笑、侮辱或過去的負面評價所造成。

親密議題。不良的親密管理技巧，或根深柢固的避免親密的傾向。

筋疲力竭或壓力及焦慮。感到非常疲倦或無法集中精神，沒有性的能量。

性的無知。缺乏有關性現實的資訊或覺察，對此毫無線索。

處理之道

對於男性的九種性擔心，有許多不同的解決之道任你選用。選擇你認爲案主最能夠回應的，然後綜合這些選項，決定哪個方式最適合案主的需求。對於低性慾案主，我的第一步驟是確定沒有醫學上的症狀。

使用處方箋藥物或天然草藥來刺激性慾。睪固酮補充方案對部分男性是有效的。爲了做適當的轉介治療，你需要與醫學社群有良好的聯繫。如同早先提過，所有男性案主應該曾經、或正在看合格的泌尿科醫師，而這位醫師最好能夠與你分享案主的資訊，當然這需要案主的允許。盡你可能學習有關睪固酮治療的不同模組，包括塗抹乳膏、低或高劑量之注射、藥丸、含片及其他形式。你也應該熟悉其替代治療的副作用。

在天然男性強化產品方面，亦有成長中的巨大市場。許多產品非常好，但部分製造商卻會做不實廣告，有些可能甚至有傷害性。了解這個市場是你的責任，如此你才能夠覺察哪些產品有幫助，哪些無效或危險。

有效且安全的產品通常是應用順勢療法或由天然草藥所製成的，人們已使用這些成份數百年之久，以強化性操作或刺激性慾。例如，以中醫草藥治療性相關的疾病已有悠久的歷史。確定你推薦的所有產品是測試過的（最好由有能力的、有資格的臨床專業人士背書），且你要對它的性質及索賠條件熟悉。否則你等於是將案主置於風險之中，而且自己隨時可能面臨法律訴訟。

移除對性慾的關係障礙。幫助案主辨識關係中的性慾障礙。可能他得承認目前對性採取逃避的態度，與他過去的性挫折是有連結的。當你與案主辨識出他築起性慾路障之處，也同時在幫他將悶死性慾的各種情緒隔開。他需要釋放長久壓抑的怒氣及傷害，這一直在損傷他的性慾。

建立身為情人的自我信心。聚焦於他的情慾技術。教導他成為更有技巧的情人。成為一個較佳且更有自信的操作者，可以激發他更常有性慾。

鼓勵使用激發性慾的道具。黃色書刊、春宮影片及性玩具可以解放已經窒息的男性性慾。如果他能夠經由這些方法輕鬆達到高潮，他就能夠有更頻繁的性。高潮本身能提升男人再有性慾的慾望。且不要害怕推薦案主去找電話性服務、專業伴遊服務、性代理人及合法的成人娛樂，像脫衣舞俱樂部。到這些地方可以給他的性慾巨大的提升。

內幕故事：保羅和無睪固酮指數

保羅打電話給我，他的抱怨相當典型：他處於無性婚姻中。（大約15-20%的婚姻如此！）「我毫無性慾，」他在電話中宣稱，聽起來意氣消沉。但當他走進我辦公室時，我有一點茫然不知所措。他很英俊，六呎高，身材很好，快樂、平靜、甜美，而且很性感。「但我就是沒感覺到性衝動，」他說。他太太一直催促他尋求幫助「或者別的。」他說來找我是他最後不顧一切的行動。在討論潛在婚姻議題之前，我問他是否曾經做過睪固酮檢驗。是的，他做過，而測出是在低正常範圍內。後來我從我推薦給他的泌尿科醫師處得知，他的游離睪固酮指數處於最低狀態。

對保羅的教練工作，大部分都是在鼓勵他去處理他的狀況。保羅與我討論檢驗結果，把他推向正確方向，亦即轉介給有能力的泌尿科醫師，藉由藥物治療來開始感覺性方面的復甦。一旦他的睪固酮程度提升到健康的範圍，他開始更常想要性。他在一次度假旅行中，主動與太太做愛——這對保羅來說是個正向的角色反轉。

他的問題是低睪固酮，每天服一顆睪固酮補充丸就能輕鬆解決。他的婚姻生活改善了，且他變得對夫妻間增添情趣的花招感興趣了。他在最後晤談時段中說，「我太太如釋重負而且變得很快樂。」他帶著笑容離開。

這位案主的需要能達成，是由於採取PLISSIC模式，針對日後轉介和訓練結果，提供心理衛教說明，並鼓勵他跨出積極的第一步。

擔心二　早發性射精

早發性射精（EE）曾被稱爲 PE 或早洩（premature ejaculation），且在部分領域中仍是如此稱呼。這是另一個我不使用在案主身上的貶抑性詞彙。我將此種性擔心標籤爲早發或快速射精。早洩是個批判性的稱呼，意味著這樣的訊息：你太快洩精，而且令伴侶失望。男人會把這訊息內化，且感覺在性操作方面他是個失敗者。這是他最不需要的一件事。早發或快速射精聽起來較爲中性。

EE是四十歲以下男性最常見的性抱怨，自許多不同來源的統計數字顯示，30％到70％的男性有此擔心。

原因

早發性射精的原因範圍很廣，從擔心如何操作的輕微焦慮，到帶有自我施壓特性的A型人格都有可能。以下列表的第一項爲早發性射精的盛行原因，是男人從少年時代開始持續一生的模式。

自慰型態。在我與案主的經驗中，最常見的早發性射精原因是，想盡快宣洩、偷偷摸摸——可能是必須如此——的自慰習慣，例如一個男孩不想被父母親抓到他在自慰。案主在早期學到這種達到快速宣洩的型態，無意識地在成年伴侶的性中複製了這個模式。男人不了解爲何會有壓力要趕快射精，而且在他和伴侶想要射精之前就已經宣洩了。

害羞或過度興奮。性羞怯或對性慾感到羞慚，造成許多男人對性覺得不知所措，或感到矛盾。一個男人很快射精，可能是內心深處有個想要結束性事的想法。很久沒有性活躍的男性，或與伴侶的性事不頻繁的男性，可能會對親密的念頭感到害羞或過度興奮。有人曾告訴我，他長久以來渴望進入女人（或男人）身體，但一旦眞的進入對方體內時，卻變成了俗稱的快槍俠。

操作焦慮。有關操作的焦慮，尤其是由過去早發性射精經驗所造成的焦慮，可能導致男性非常害怕的結果：早發性射精。他需要改善性技術，包括逐漸習慣以口及手讓女性達到高潮。假如他對自己取悅女性的能力有信心，他會比較不焦慮，且能夠更有效地控制射精。

A型人格。有些男人做什麼事都快。他們大口喝酒，幾乎不咀嚼就嚥下食物，開車飛快，且生活中每件事情都匆促。所以他們也是快速射精，沒什麼好驚訝的。善於激發動機的巓峰潛能訓練（Peak Potential Trainings）講者哈福・艾克（T. Harv Eker）說，「你怎麼做一件事就是你怎麼做每件事！」我同意。但是一個匆忙的男人可以學習如何在床上緩慢下來。

內幕故事：摩可和 EE 魔鬼

摩可是一個愉快的人，但他深受早發性射精之苦，他覺得這很丟臉。剛結婚沒多久，與太太做愛時，他無法維持行房時控制洩精的能力，或許是因為他們不太常做愛。他過去與其他女伴在一起時性表現非常棒，自我控制也很強，但他竟然無法在這最愛的女人面前表現恰當。

經過幾個月不定期的教練，摩可從演練傳統的 EE 行為技術及我幫助他重新框架他負面的自我談話裡，獲益良多。他總是對自己說：「我又要失敗了。」兩年來他什麼都試過了：在家做定期自慰練習、心理重新框架、麻痺藥膏、威而鋼及甚至百憂解。

最後，他終於同意我一再重複的教練訊息：「假如你與太太的性愛不頻繁，你將永遠不能夠控制你自己。當你感覺到你的陰莖在她的陰道內，你就會感覺太興奮，對不？」

了解到不頻繁的性交是真正的元凶，終於讓摩可去與太太討論他的需求。在我們最後一次教練時段中，他開心地陳述太太的了解及意願——有更多的性，對他倆而言是性快樂的復甦關鍵。過了一段時間，他的早發性射精消失了，而且他重新獲得從前的性自信。

處理之道

對於有早發性射精的男人，解決方法可以許多不同的方式發生。他可以經由精心設計的自我訓練模組，學習控制想要宣洩的衝動，這將於本部分討論到。有些男人能夠自處方箋的藥物獲益，而其他男人則可自一些方法或與伴侶練習而達到良好的表現。

使用醫學介入。令人驚訝的SSRI藥物，諸如百憂解、帕羅西汀、樂復得（Prozac, Paxil, and Zoloft），可以是一種良好的早發性射精治療藥物，它們的負面副作用包括降低的性慾及較不強烈的高潮。威而鋼和其他硝酸鹽爲根基的藥物，包括樂威壯和犀利士，幫助男性維持其勃起，甚至在高潮宣洩之後仍能持續勃起，這些藥物在協助有早發性射精的男性也很有用。

使用機械式的方法。陰莖圈或震動的陰莖圈器具，可增加睪丸及伴侶生殖器的感官感覺，也能抑止太快洩精的衝動。一些沒有伴侶的早發性射精男性，可以使用個人潤滑劑加上一個栩栩如生的女性性器官的矽膠模型來練習自慰。性代理人也會有幫助。

更多相關資訊

這裡介紹幾卷直接討論早發性射精的優質錄影帶，還有一些可用來幫助教導自慰技巧。我的選擇是：

1. 你可以維持較久（You Can Last Longer, Sinclair Institute, www.bettersex.com）
2. 情人的射精控制指南：德斯賈汀斯方法（The Lover's Guide to Ejaculatory Control: The Desjardins Method, Pacific Media Entertainment; www.loveandintimacy.com）
3. 喬瑟夫・克萊馬博士（Dr. Joseph Kramer）的錄影帶（The New-School of Erotic Touch

in Oakland, CA;www.eroticmassage.com）

鼓勵案主嘗試其他產品。有些男人使用麻痺陰莖的乳膏會有效果，且可以維持激發。然而，使用麻痺藥膏，無法維持逐漸升高的生理愉悅層次。建立你自己的錄影帶圖書室，出借給案主使用。你也可以在你的網站出售產品，或提供連結到成人導向的線上商店，或有賣自助錄影帶與DVD的本地情趣用品店。

教導控制。洩精是控制的問題，這並不令人驚訝，治療早發性射精的最常見方法是行爲方法。他必須學習、去認識，在射精前腦袋裡發生了什麼事及身體發生了什麼事。對某些男人而言，這是一項大挑戰，因爲他需要緩慢下來，而且要極端注意。

自我訓練。自慰時練習的六個行爲歷程步驟如下：

1. 學習精神專注。他必須停止擔心下一步會發生什麼事，而聚焦在當下的生理感官感覺。我訓練男士們去傾聽思想，如：「我會太早射精嗎？」或者「我會喪失勃起嗎？」假如他能夠學習聽到令他自愉悅中分心的自我貶抑訊息，他就能學習使它們消聲。然後他就能將專注轉向體驗他自己情慾的感官感覺。
2. 認識射精的無可避免性（EI）。一旦男人達到這一點，他就會射精。他不能想感覺或做些什麼來停止它。他需要去認識該無可避免之點，他才能不讓自己在準備好之前就射精了。

3. 讀到無可避免射精前之訊號。這可能是學習的曲線中最困難的部分。任何時候都有可能。要有耐性！

4. 與激發期（arousal phase）連結。他可能沒有注意到在激發時身體的改變。一旦他眞正地經歷而非忽視（呼吸加速、氣喘吁吁、骨盆腔衝刺及身體各部分緊張起來的感官感覺），他在我稱爲支撐（Back It Up）的歷程中，就能降低他的激發，這是射精控制的關鍵。使用一些具體的東西來幫助人們看到他們的激發。我教導男人如何支撐時，會使用工作室房間內的東方地毯。一端代表歷程的開始，而另外一端是他們的無可避免的射精。這麼做可以幫助大部分的案主看到他們激發的座標。

更多相關資訊

男性必須注意、認識及感覺他的感官感覺快到無可避免之射精點，而避免達到此點。透過「支撐它的歷程」（the Back It Up Process），案主可以學到如何避免到達射精點，方法如下：

1. 告訴案主要注意，當他抵達無可避免的射精時，他有何感覺，身體有何種改變發生，特別是觀察身體的感官感覺（如骨盆腔衝刺、流汗、呼吸改變、勃起的完全性及宣洩的衝動。）

2. 教導他去注意，在一個人的自慰時段，在接近無可避免洩精之點時，停下來。

3. 告訴他休息一會兒，喘幾口氣，然後，當想要宣洩的衝動消失時，再開始自慰。

4. 讓他繼續自慰，並要他一個階段一個階段地注意體內所發生的一切變化，在達到無可避免射精的點之前，去注意身體的所有感受。

5. 向他保證他一定能很敏銳的注意，然後在無可避免之射精的激發週期中，也一定能對訊號及感官感覺有所反應，如此他射精的自我控制就更佳。

6. 提醒他，當他與伴侶練習此技術時，會有高漲的感官感覺，並且會分心；忠告他先要單獨練習，直到他覺得已經精熟爲止。

5. 學習擠壓技術（the squeeze technique）。當一個男人能讀到訊號且多少減緩他的激發，但仍覺得有射精的衝動時，他可以使用擠壓技術（由威廉・馬斯特及維吉尼亞・瓊生所發展的）。他可以手緊握著陰莖（勃起）底部來停止宣洩的衝動，或者他可以對繫帶施壓（陰莖頭部下側的敏感點）。另外一個擠壓方法，包括抓緊或握住 PC 肌肉，直到洩精的衝動消失。記住：早發性射精案主在與伴侶嘗試這些新技巧之前一定要先單獨練習。一些男性需要好幾天、好幾個禮拜或甚至好幾個月來精熟這些技巧。

6.與伴侶練習。必須遵循同樣的步驟，除了男性可以用他自己（或她）的手來運用擠壓技術之外。男性亦可經由以下方法來緩慢激發及延遲射精：

- 停止在伴侶體內的任何動作
- 陰莖停留在伴侶體內歇息
- 將陰莖自伴侶體內抽出並使用伴侶的手（或一個陰莖圈）來停止達到無可避免之洩精衝動
- 用力地壓著繫帶部位，或者我所稱的男性陰蒂（在龜頭與冠狀頭連結處，陰莖底面的一點——大部分男性性生理最敏感的部分）

擔心三　勃起功能障礙

當一個男人無法獲得或維持足夠勃起以插入陰道或其他孔道，他就有勃起功能障礙（ED）。十個男人中有一個，而且50％超過五十歲的男性曾經經歷過ED。威而鋼已經劇烈地改變了性的景觀，尤其對於年長男人。但是年輕人也使用威而鋼及其他硝酸鹽藥物來延長他們的勃起。然而這種藥並非每個男人都適用的萬靈丹，例如兩種型態的ED患者：不能產生勃起，及無法維持勃起的人。本部分討論該兩種典型。

原因

如同低性慾、勃起功能失調有不同種類的原因。有一些是純生理的；而其他則根因於心因性問題。

血液流動議題。一些年長的男人，會有靜脈漏的問題，表示血自陰莖的靜脈漏出。勃起需要完全依賴脹滿的血管。

更多相關訊息

如同早先所提到要注意的，要小心你爲性擔心下定義的字眼。有件令我很氣惱的事，就是無能（impotent）這個詞彙。我稱它爲「I」字，當我與案主討論時，這是帶有批判性的詞彙之一。我認爲它消除了眞實的男性性力量。一個男人可能會失去或無法產生勃起，然而他還是一個強有力、有活力的男性。喬福（見第六章）就是一個如此的例子。喬福在樹林裡創造一個告別儀式，超越了醫生對他無能的診斷，而重新發現在內在，他是一個有性的男人。

服用醫藥。心臟和血壓藥物，甚至包括藥房裡的感冒與鼻腔藥物，會改變身體的血液流動能力，這影響了勃起。

疾病。糖尿病和其他疾病會影響勃起，尤其年長男性。

心理議題。性羞怯、壓抑、罪惡、憂鬱、焦慮、抑制的怒氣及男性氣概與性的不安全感，會使男人無法得到或維持勃起。

關係議題。關係中沒有處理的議題和怒氣，會使男人與伴侶在一起時無法勃起。

處理之道

勃起功能障礙（ED）的男性有很多的處理選項。

醫藥。處方箋藥物包括威而鋼、樂威壯和犀利士，還有更強有力、不同種類的藥物或許可能已經上路了。在許多草藥及其他可替代的醫藥中，育亨賓（Yohimbe）是由一種非洲樹皮做成的性刺激物，在威而鋼問世之前經常被泌尿科醫師開作處方箋，而且目前仍然被許多男性使用，相當有效。對於經歷威而鋼嚴重副作用的男性，醫生還是會開立自我注射的處方箋藥物，如前列腺素E及其他用來產生及維持勃起的解決方法。

機械式的方法。比較不貴（且恰當）的陰莖唧筒及陰莖圈可在網路及成人商店中買到。較合身的陰莖圈的高品質唧筒，可經由醫生處方獲得。一些製造商宣稱，他們的唧筒能夠永遠加大一個男人的陰莖。事實上不可能。一個好的唧筒能夠經由吸入而產生堅硬的勃起，可以持續整個做愛時段。有些男人因爲跟新伴侶做愛，感覺無安全感，發生了情境式勃起功能障礙，對他們來說唧筒是一個很好的選擇。性的刺激物和唧筒，對於無法產生勃起的男性是最有效的，而藥丸則是對無法維持勃起的男性較有效。

行為訓練。治療早發性射精的同樣步驟，能夠幫助勃起。

伴侶教練。如果問題在於關係，帶另一方來進入教練歷程。

內幕故事：抱怨勃起軟弱的八十歲老人

有個我只見過一次的男人，是我很喜歡的案主之一。他來本地參加他專業領域的會議，他身材適中，整齊且英俊，雖然很明顯地年紀大了。「我想要找一位專家檢查一下，」他說。當我問他為何覺得有需要檢查身體，他說他最近對自己的性表現有點失望。「我才剛滿八十歲，」他說，「我的勃起不像以前那樣強壯了。」我笑起來。他進一步說明。

他有一個新情人（才二十五歲！），他害怕自己無法如他所願的提供整晚的愉悅。很顯然，他發現與較年輕的情人約會很開心，而且對自己八十歲的陰莖有很高的期望。我們討論且重新框架他對自己勃起的理想化期待（其速度、硬度及持續度——所有這些都在威而鋼時代前），我幫助他理解，從前他是多麼地風光，並保證這是他老化的自然結果，如此才緩和他的擔心。他向我道謝。我告訴他，他在他這個年齡的確給我許多啟發。他答應他九十歲生日過後會再回來做一些教練。

他離開了，笑得很開心，看起來跟年輕男子一樣有自信。我再也沒看過他了，但是我不會忘記他的。

擔心四　延遲射精

這只發生在少於10％的男性身上，延遲射精（DE）是容易辨識卻最難治療的性擔心。男性經常會覺得有高潮但是無法釋放洩精。男性高潮通常發生於兩個時期。當陰莖大量流出創造勃起的血液時，可以經歷到高潮的感覺。隨後精液的宣洩是高潮的洩精期。雖然生物學上是一期接著另一期，但是一些男性能夠訓練他們自己故意拖延射精，並經歷陰莖和圍繞著生殖器區域的眞實多重高潮收縮。大部分的男性在陰莖內血管血液流出後立刻射精。

原因

我辨識出與此擔心有關的三個主要因素：

醫學狀況。一些男性忍受一種稱爲逆行性射精（retrograde ejaculation）的狀況，在其中射精轉回到腹腔內，而不是經由輸尿管出去。延遲射精也是一些抗鬱劑的一種性方面的負面副作用。

男性的親密議題。無法釋放射精可能出自對伴侶或關係不信任。有時候它只發生在新的性關係之始，有時候則是關係中正在進行的問題。

他的伴侶之議題。延遲射精男性的伴侶通常會想承擔這個問題的責任，而責怪自己。雙方要使他到達高潮的努力，反而會使情況更惡化。

處理之道

延遲射精的案主得先排除生理問題，然後聚焦於內在自我。

醫學介入。通常會要求他們的醫師換掉造成案主逆行性射精的藥物。

處方箋評估。教練案主去與他的醫生討論他所服用的處方箋。鼓勵他去找出能夠把性方面的負面副作用降至最低的醫藥或劑量。

探討他的安全議題。男性與伴侶在一起時覺得不夠安全而無法射精，就如同女性與伴侶在一起時不能達高潮一般。延遲射精的案主需要正向的鼓勵與滋養的支持，亦即一個安全的空間。教練的歷程給他一個放心的空間，讓他能夠為了自身的愉悅，在面對安全感時考慮冒一些風險。部分男性從來不覺得在情緒方面，甚或在身體方面，有足夠的安全感去經歷性行為中高潮與射精時經常引發的親密連結。

性教練可能還不夠。在梅貝斯（MEBES）模式（第六章）中E代表情緒阻礙。密集教練的PLISSIC方法（第二章）也可能需要為案主重新下定義。可以將案主轉介給心理治療師，做信任與關係議題的深度諮商或治療。不信任女性及父母角色議題，尤其是與母親的議題，可能會扼殺案主感覺愉悅的能力，且讓他在女人面前失去高潮。除非你是專業訓練的治療師或諮商師，能處理這些根深柢固的情緒與心理議題，否則尋求外界幫助吧！

內幕故事：羅曼，充滿精力的兔子

我很少看到延遲射精的個案與害怕親密沒有直接關係，通常個案都會害怕與男性或女性親密，或缺乏對女性的信任，尤其是與目前的伴侶。這些案主需要你的協助，來詳加討論他們的信任和害怕議題。情書歷程在這些個案中奇妙地有效。如果問題非常嚴重，案主就需要治療。

羅曼就是一位這樣的案主，他笑著告訴我，「就叫我精力充沛的兔子吧，我可以持續再持續！」我對此隱喻莞爾一笑。然後我們接著討論他無法與伴侶同時分享美好高潮的痛苦。我教練他，要讓女朋友知道那不是她的錯，通常伴侶們會有這種錯誤觀念。我們花時間讓他承認並接納自己對親密關係的害怕，而我告訴他性教練的幾個替代方式的特殊引導，來創造更多強烈的激發模式以激勵他的高潮，幫助他解決性擔心。

擔心五　性壓抑

幾乎任何事情都能造成性壓抑（SI）。一個創傷的事件，如一個男孩撞見父或母與婚外情人發生性關係，這類事件會反覆灌輸一種禁止的壓抑感，如同孩童時期被植入的強烈反愉悅價值及訊息，會造成深遠影響。

原因

大部分的壓抑由三個基本原因所造成。它們來自案主如何感覺他自己、過去經驗的影響，以及目前關係的訊息，是好或壞的。

性負面訊息。男孩成長過程中經常聽到有關性的負面字眼或詞句。它們來自於孩童時期所學習到的宗教、社會、文化和家庭等等。

長期在室男。例如，三十歲還是在室男，或以處男之身結婚，或者只有很少的性經驗，都會引發深度羞慚，或甚至帶著罪惡感的慾望去與固定伴侶（mate）以外的夥伴們（partners）探討。

負面性經驗。可能發生在性發展早期或稍晚成年時，且通常造成受阻礙的自我感。男性可能深陷被嘲弄、貶低或羞愧的痛苦回憶中，無法自拔。例如被女人問到他的陰莖或他的性技術，「就這樣了？」一句話就能造成嚴重的傷害。

解決之道

性壓抑的男性需要的很多，從輕度的性教練，到更密集的自我發展的生活制度都有可能。

給予允許。PLISSIC 模式中的P，准許他有性，可能就足夠了。一些案主只需要一個或兩個時段來獲得他們從來沒接收過的允許。

重新引導他的思考。有性壓抑的案主，通常對於以新角度來思考性歷史與性表達的建議，都有良好的回應。這些重新引導的訊息可以很簡單，例如說，「沒有勃起時，所有的男人都很小，你知道嗎？」對有些案主，你可能必須展開強烈且持續的討論，例如在天主教會中長大且對所謂自慰的原罪感到羞慚的人。幫助他了解自慰是多麼的健康與自然。有時候性壓抑的男性只是對女性完全無知。在這些情況中，教練工作包含講解女性解剖學與性反應，與伴侶溝通有關性想要（sexual wants）、需求及慾望時的角色。

讓他接觸性表達的新形式。有性壓抑的男性通常社交與約會技巧不佳。把他帶進外在世界中。讓他看到各式各樣的性表達，並幫助他學習如何在這些景象中找出自己的航行方法。你甚至可以陪他到情色博物館或裸體海灘去。要確定性壓抑不是親密議題的煙幕屏障，若是如此，則轉介到治療。

內幕故事：雷加

雷加與我約時間面談，為了解決他無性的婚姻。雷加將他的不快樂歸因於婚前缺乏性經驗。他承認他極度渴望想探討自己的性。我們討論他婚姻中的動力時，我得知在他在跟性經驗豐富的太太結婚之前，他是處男。他抱怨道，她的工作生活已將她的性能量消耗殆盡。

我給了他他個人性自我成長的幾個選項。他是一個勇敢且熱心積極的性探險者！他進行實地查訪，包括譚崔按摩，也到我最喜歡的成人商店去買一些愉悅的玩具。雷加瀏覽許多性網站，在家訂了花花公子頻道，成為一個有經驗的單獨操作者。他甚至加入一個當地的裸體渡假社區的通訊名單中。勇敢接觸性表達的不同形式，包括情色靈性、裸體主義、交換伴侶、三級網站及性精品店的不同世界中，使得他覺得在性方面更活躍。雖然太多的個人性成長可能會損人不利己，而將現存關係置諸身後，但雷加開始與妻子有更頻繁的性，而且對自己的性感到比較快樂。在性教練之下，他漸有起色且仍經常來拜訪我，在性教練工作室中進進出出並談論他的性夢想。除了這些拜訪外，在歷經幾個月的偶爾教練時段之後，我們的工作完成了。

擔心六　身體不自在議題

我在男性案主中觀察到兩個身體不自在（BD）擔心的基本類別。在所有年齡層、背景和社經群體的男性中最常見的抱怨是：「我夠大嗎？」陰莖尺寸問題在我的線上論壇仍然居首位。第二個類別更爲普遍，且通常伴隨著性操作、男性氣概、性恰當（sexual adequacy）、肥胖和其他虛榮議題而來。他想要知道：「我夠英俊可以吸引女性嗎？」

原因

通常身體不自在議題的原因是錯誤的想法及曲解的自我觀點，尤其是關於陰莖尺寸。**無比較之基礎或想測試自己的吸引力**。擔心陰莖尺寸或吸引力的男性，通常是處於這輩子最初或唯一的性關係中。他們經常已婚多年，逐漸增長的自我懷疑促使他們來性教練。對這個令人心焦的問題，他們渴望得到答案：「我夠大嗎？」或「我能夠吸引其他女人嗎？」

關係中不均衡的性慾。假如她不像他要她那樣地經常想要他，他會懷疑自己的陰莖是否不恰當，或身體不具吸引力。

單身或性方面無經驗。或許他的陰莖尺寸或其他身體擔心已經阻礙案主發展性關係。他可能有低自尊和不良社交與約會技巧。

處理之道

通常是幫助身體不自在者重新框架，並教導他們新技巧。

重新框架的時段。我通常對有陰莖尺寸擔心之男性進行一個重新框架的時段。我使用不同的陰莖模型，你可以在附錄E列出的線上商品店找到。例如硬的塑膠模型，設計來做保險套示範之用，還有優雅的六吋長木雕陰莖，這是個藝術品，以及一些以巴西高級石英水晶雕刻而成的陰莖精品，是我的個人收藏。有些很小，但也有的是跟正常範圍的人類陰莖尺寸差不多大。由於石英水晶有療癒效用，我並不驚訝它可以讓男性心平氣和地握住，而塑膠的假陽具就很難有這種療效！

我經常用一把短量尺來呈現一個硬挺陰莖的平均長度：五點五至六英吋（十四至十五公分）。我也解釋大部分的伴侶對周長（陰莖周圍）更有興趣，而不是長度。而一個硬挺陰莖的平均周長超過四英吋（即超過十公分）。陰莖尺寸的科學方法可以幫助將他們的擔心去個人化。

測量的回家作業。我通常讓身體不自在的男性在家裡自己測量，然後在下次教練時段中向我回報。通常這是一個快樂的時段。大部分的案主終於放下了他們長久以來對於自己太小的擔心。另一方面，假如他的陰莖眞的很小（這狀況相當罕見），告訴他性玩具與陰莖強化物的資訊（見附錄E）。

個人化的教育時段。一個個人化的教育時段，包含大部分對於有陰莖尺寸擔心的典型案主之教練工作。澄清未勃起的軟陰莖與勃起的硬挺陰莖之間的尺寸差異。許多男性以他們未勃起的軟陰莖尺寸來評量自己在性上的標準！且要指出伴侶是從他們前面、旁邊或眼睛張開的高度來看他們的陰莖，而不是如他們自己一樣從上往下看。了解到陰莖因爲視覺距離而看起來比其他人來的小，是一個突破性的發現。

教導性技巧。幫助身體不自在的男性了解，成爲一個有技巧的情人的價值。如果他是一個好情人，在性活動時，插入的時間只占了做愛過程很小的比例。提醒案主給伴侶愉悅的手或口的技巧的重要性。重點放在情慾技術，可以幫助他將陰莖尺寸或一般外表的擔心轉向。

春宮圖象不是現實生活。矯正案主自觀賞春宮圖象所得到的錯誤觀念。三級片影星朗・傑瑞米（Ron Jeremy）有個難以置信的十三點五英吋（約三十五公分）的勃起陰莖，這不是一般人的尺寸。男性春宮演員是挑選過的，他們有粗大的陰莖才會入選，而且影片是經由精選的攝影機角度及近鏡頭拍攝出來的。這就是爲何陰莖在螢幕上看起來比現實生活中的大：沒錯它就是！

幫助他邁向自我接納。你的案主可能過重或過輕、背上和肩膀長毛，或者有明顯的疤痕、難看的皮膚，或臉上和脖子上有青春痘疤痕。首先討論他自我接納的需求。你必須有適當的治療轉介資源名單，包括護膚專家、雷射除毛中心、整形外科手術、訓練師及減重診所。鼓勵他承諾去做體重管理及運動方案。

了解他的觀點。在性教練中，你必須將自己的個人價值放一邊。你可能不同意案主覺得自己太瘦或太胖。讓案主來引導你，不要堅持你自己的偏見。假如他需要一個整形外科醫師或其他的專家，請提供協助。「案主總會讓你知道什麼是正確的」是句至理名言。

另外一個明智的可行性是，送案主到一位曾跟你共事愉快的泌尿科醫師處，說道：「請讓我的案主了解他的陰莖尺寸是正常的。」如同在第六章中所討論的，你可以進行觀察的性教練。你也可決定要與性代理人一起工作，她能夠告訴案主他這個樣子很好。永遠鼓勵案主的自尊。

內幕故事：有雄偉大陰莖的男人

我曾經教練一位聰穎迷人的三十出頭的男性。他很會講話。雖然他有點胖，但還是很可愛。我真的很喜歡教練他，因為他學得很快，接納我的建議而且立刻去執行。他很投入地去與適當的女性約會，並像著迷似地享受美好的性。我們沒有討論他著迷的傾向，反而在每一次的教練時段致力於他該週的學習目標與成就。

在幾個禮拜零星約會沒有結果，尤其是沒有親密行為之後，他承認對自己陰莖的尺寸感到羞慚。「我知道這是妨礙我與適當的女性交往及有性的原因，」他說。是的，他承認，有一大堆女人在社交及性方面對他感興趣，但是他從來沒有通過偶爾的一杯酒或晚餐的邀約。

「是的，」我說，「讓我們把尺拿出來！」他毫不遲疑地將硬挺的陰莖顯示給我看。他很大！我吃驚地倒吸口氣。然後我大聲笑出來，這是我們在教練時段中經常發生的事。指著他的硬挺陰莖，我喊道：「你有一個雄偉的陰莖！」

雄偉是他稱讚別人時常用的一個字。然後，我從椅子裡坐直，他仍坐在沙發旁邊地板上，我彎身告訴他：「我絕對不想再聽到你說你的陰莖很小！我要你跟著我重複：『我有一個雄偉的大陰莖。』『我有一個雄偉的大陰莖。』『我有一個雄偉的大陰莖。』」

他在我的工作室內開始重複那些句子，每次重複，聲音就提高些。最後我請他站起來把衣服穿好。他擁抱我約兩分鐘之久。「這真的改變了我的生活。我該如何向你道謝呢？」他問。

「繼續重複這些句子，」我告訴他。我們又笑了一陣子，而那是我最後一次看到他。

擔心七　社交／約會技巧缺乏

爲何社交及約會技巧缺乏（SDSD）是包含在性擔心中？如果男人無法開始約會（或者第二次約會），他的性是沒有脈絡可循的。來找性教練的男士經常對女性笨手笨腳，無論是臥房內或臥房外。他們的缺乏社交技巧，隨之導致缺乏性經驗。通常他們貌不出衆（或者完全不懂怎麼讓自己看起來更吸引人），溝通不良，缺乏一般的自我信心。

原因

此擔心有許多可能的原因：

羞怯。羞怯會造成性活動延遲，或完全避免性。

無性經驗及不曾異性交往。跟害羞的男性比起來，缺乏性經驗的男性會尋求性教練來幫助加強勇氣，試圖成爲更佳的情人。這些男性可能由於不恰當的感覺而退出社交場面。

社交笨拙。社交笨拙的男人的生活方式往往使他們孤立。

無能力以口語溝通。這類男性往往缺乏聊天的能力，且說話不中聽，或者沒有好的對話開場白。很少女性願意花時間約他們出來。

情緒不成熟。他們可能EQ（情緒智商）很低，無法表達／處理感覺。

吸引力議題。他們可能是沒有吸引力的，而且不修邊幅或是有不吸引人的衛生習慣。

個性不活潑。社交／約會技巧缺乏的案主經常是內向的。

處理之道

許多缺乏社交／約會技巧的男性，對於約會相關的引導討論及個人化的專注溝通有良好反應。

個人化的教育。因為這些男性的自我脆弱，比起其他案主，他們在教練歷程中需要更多時間開放自己。而許多人開始面對性議題時，則已處於「急切的」階段。你的初始教練階段可著重於提供資訊，例如在修飾、衛生、護膚、運動及衣著選擇方面教育案主。不妨建議案主修護指甲或剪頭髮，甚至染髮，或建議他去找皮膚科醫師求診。如果有需要，在最近的時尚中，還要注意口氣及體味。重新打扮會使得他在與女性互動上更有信心。

溝通及對話技巧教練。我與 SDSD 案主練習角色扮演，以幫助他們學習如何在社交場合中與女性談話。我教練他們非語言及語言的溝通，為即將到來的約會預演。然後我讓他們帶作業回家：站在鏡子前練習與想要約會的女性說話和調情。演練可幫助他們在真正上路時覺得更自在有信心。

戶外作業。指定案主去某個地方或做一件事，來練習他的新社交技巧。這些男性中有許多人耽溺於電視機或電腦螢幕前，不知道去哪裡找單身酒吧、書香咖啡屋或成人教育課程，而這些都是吸引女性的活動。難怪他們這麼孤單！提供一張當地的淸單，包括單身者活動（如舞會或俱樂部，例如健走俱樂部，如果他喜歡健走），線上約會服務以及個人廣告。確定要教導他如何使用！其中應有包括藝術展開幕、新書發表會、演講及其他可能吸引女性參加的活動一覽表。

內幕故事：書香咖啡屋瀏覽者

傑利是一個認真的案主，他吸收教練建言的每一個字，而且盡其所能將之完成。他是個幾乎不懂社交技巧與也缺乏性經驗的單身男人，當他來看我的時候，他表現出非常多的擔心。我先與他討論他的缺乏社交與約會技巧。

傑利說自已很急切，他去書店閒逛，坐在咖啡區好幾個小時，希望有個女人會注意他。但這從來沒發生過。在一連串的教練時段之後，我讓他去附近的一家書香咖啡屋，那裡有許多單身女性流連，希望能遇見單身男性。（你認為書店是為讀者而設的嗎？）

依照每次教導，他都會選擇幾本書來做談話的內容。他會使用一種我們練習過的討論開場白，去接近一個吸引他的女性，不論她看起來是否對他有興趣。這個活動的目標是，與想要的女性練習對話技巧。他放一張計分卡與一枝鉛筆在襯衫口袋裡，隨時記載他說了什麼及對多少女性說過話。

一些女性懶得理他，有些則會跟他講話。無論如何，傑利以他的計分點為傲，他為自己的努力打分數。這是傑利磨練社交技巧的方式。很快地，他學習到自在地與陌生人說話，且提升信心到可以開始約會了。

擔心八　強化愉悅的慾望

你會認爲幾乎每個人都會想要讓性更美好，但令人驚訝的是，只有極少人會爲了想成爲更佳的情人而眞正求助於性教練。就像治療師，教練見到的是有問題的人，而不是好情人渴望成爲了不起的情人。正因如此，強化愉悅（EP，enhanced pleasure）的慾望可說是一種不尋常的擔心。

有強化愉悅慾望之男性沒有勃起或射精困難，或忍受低性慾或身體形象議題。事實上，你可能想要問這位案主：「你爲什麼來這裡？」而他會得意地大聲說：「我喜歡性。我沒有問題，但是我想要成爲更棒的情人。」這些男性會讓你看到教練的眞正樂趣，甚至可能教你一些新把戲。

典型地，這些案主是單身，而且不是處於一段性關係中，而是兩段關係。他們想要讓下一個女性在床上享受情慾快感。他們的目標包括爲自己及伴侶提升愉悅，強化技術性技巧，及或許發現神聖的情慾聖杯：男性多重高潮。

原因

有強化愉悅的慾望之男性通常是由高度性驅力所驅使，這是一種想要比其他男性更佳的慾望，且四十歲以上的男性了解到需要提升口及手的技術，萬一他們的陰莖不再雄偉。這是一個高貴的追求。教練他們！

內幕故事：強化愉悅可能是足夠的

偶爾男人會打電話找我，要求做強化性愉悅的教練。喬，三十出頭的年輕男人，帶著笑臉出現在我的工作室。他陳述他的目標道：「佩蒂博士，我並不是真的有任何性問題。我只是想要學習如何自慰得更棒！」我同意教練他。

我們談論他平常的自慰模式，並推測一些新方式，他可以在高潮釋放中建立更多強度。我介紹許多新資訊給他，也提供目標明確的建議來強化他的自慰模式：維持勃起、骨盆腔提高、PC肌肉運動、全身自我愛撫及情慾幻想。他像個快樂的野營者似的離開了！

處理之道

此類案主在目前性模式中只需要小小的調適。通常這是身體教練的使命。

找出他如何做，並幫助他想出一個新方法。請案主詳細並誠實地描述目前性型態及模式。以這份資訊做爲性技巧基準線，來幫助他發展他的目標。例如，如果他能自慰十分鐘之久，給他每週的時間目標（time goals）去延長自慰並拉長他的愉悅。你也可以建議他不要再用KY潤滑劑（很快就乾掉），換用更先進的產品，如艾絲蘭（Astroglide）或Liquid Silk。他可能會嘗試新的性器具，包括電動的振動按摩器、陰莖圈，或在自慰時提昇感官感覺的性輔助品（例如橡皮或矽膠袖）。

身體教練。有強化愉悅的慾望之案主經常是身體教練的候選人。身體教練專家喬・克萊馬教導許多不同的練習與技術，讓男性經由自慰達到自己歡愉的高點。你也可能想要觀察案主的自慰模式，以幫助他發現增加單獨性愉悅和滿足的方法。

更多相關資訊

身體教練是治療這類案主最常見的方法，但是你並不需要看過案主自慰，仍能成爲一個優良的性教練。你可能會很震驚。不要因爲有那些感覺而懲罰自己。假如你能夠處理身體教練工作，你會學到自己可以像個足球教練，站在場邊指揮方向。如果你選擇不做身體教練，你可以建議案主自己在家複習喬・克萊馬的資料。當案主告訴你他使用建議的技術來自慰時，引導他去經歷過程，並回饋你的意見給案主。

教導他如何為多重高潮而奮鬥。如同本章先前提到，多重高潮發生於男人能夠有高潮的韻律收縮而不洩精。這裡有一些有關此主題的美妙書籍，包括謝明德（Mantak Chia）所寫的《男性多重高潮：每一個男人應該知道的性秘密》（*The Multi-Orgasmic Man: Sexual Secrets Every Man Should Know*），及芭芭拉・凱斯林（Barbara Keesling）所寫的《如何整夜做愛》（*How to Make Love All Night*）以及《讓你的女人狂野》（*Drive Your Woman Wild*）。將這些書加入你的出借圖書室。（見附錄E所建議的閱讀一覽表及其他資源，包括錄影帶和DVD）。如果案主有興趣，你可以推薦符合資格的譚崔教師和其他專家。

在大部分的性教練時段中，我提供基本課程，包括專注呼吸、PC肌肉運動（附錄D）、感官感覺，及其他提升愉悅的自我專注技術。

擔心九　性創傷

性創傷（ST）通常是女性的議題，但有一些男性也因此受苦。

原因

性創傷案主是經常高度敏感的或情緒關閉的。

孩童時期的性虐待，甚至強暴。男性的性創傷原因非常廣泛，從被某個長輩用小腿摩擦自己而感到噁心，或來自父母羞辱他身材瘦小的笨拙感覺，或童年期有好多年被猥褻的嚴酷現實。男女孩均可能受創於家庭暴力、性剝削及甚至強暴。這些是較難處理的個案。

在情緒上留下疤痕的性事件。我曾經有一個案主，他姊姊會脫下他的褲子吶喊：「你的雞雞好小！」來羞辱他，並在她的女同學面前取笑他好幾年。性創傷會留下很深的疤痕在心中，關閉一個男人的愉悅，使他無法與情人分享身體及他的感覺。性創傷的案主是典型需要被轉介給心理師、治療師、精神科醫師或專長於此領域的社工師的個案。

更多相關資訊

我在一九八〇年代遇見火星／金星系列書籍作者約翰・葛瑞，那時他在教情緒療癒的專題課程。他有個特別的專題「男性、女性與關係」，這是火星／金星作品之核心。當性創的案主開始其療癒旅程時，我經常推薦葛瑞的這本書《你能感覺的就是你能療癒的》（*What You Can Feel You Can Heal*）。

處理之道

幫助這類案主開放胸懷，將需要你最精緻的技巧和最具威力的技術。

梅貝斯模式（MEBES）。五個步驟：

1. **精神的**。幫助案主停止給自己負面訊息。在十二個步驟方案中這是稱爲「壞透的思考」，例如：「那是我的錯。」「我罪有應得。」「我不夠好。」

2. **情緒的**。全神貫注於他留在身體裡的情緒痛苦。這經常是要轉介治療之處。我也使用引導的想像技術去軟化痛苦，如附錄A中的技巧。要案主寫一封寬恕的信。當他能寬恕作惡者（且寬恕他自己），他就能往前走。部分男性能以下列四個行爲修復其性創傷議題：(1)揭露有創傷性的事件(2)回顧它(3)經驗其感覺，及(4)進行寬恕工作。其他人可能需要好幾個月或好幾年的治療。

3. **身體**。被阻隔的情緒還在身體裡，直到它們經由謹慎的身體工作釋放出來。靈氣、費登奎斯肢體放鬆方法（the FeldenKreis method）、羅夫按摩治療法（Rolfing）、崔格身心整合（Trager）及甚至治療性的按摩是有助益的。在我的《感官按摩愚人指南大全》一書中，我教導整合感官碰觸至個人生活方式中，對療癒和其他面向都很有助益。

4. **能量**。能量是一切。這是我教導的原則之一。幫助案主能量流進身體被阻礙的區域，尤其是那些先前受到虐待或創傷發生的區域。簡單的儀式會有幫助。讓他在臥房中創造一個有神聖感的地方。讓他那在兒放置一些提升療癒和自我接納的物件，包括他快樂童年的照片，父母親的照片（除非其中一位是加害者），一個籃球、一項獎項、一封來自女朋友的情書、他的結婚誓言——任何能夠使他與愛的感覺連結之物。請他在那些圖像之前坐或站，或每晚點亮蠟燭。然後讓他有一個感恩的時刻，感謝自己是個健康、成熟的男性，有力量再度去愛人或去被碰觸，以與他個人的風格共鳴的方式，大聲說出這些話語。（如「我，約翰是一個快樂健康的男人，準備好再度去愛」，或者「我，山姆，願意分享我的身體並經驗愉悅。」）

5. 靈性。一些男性對靈性很開放，有的人則羞於探討這一面。詢問你的案主他是否有任何靈性信仰，或是否跟隨靈性或宗教的途徑。他的反應會告訴你該怎麼做。假如他是一個對靈性較開放的人，可以在療癒過程中，建議他轉向他較高力量來源，比如上帝或宇宙，只要是他視爲靈性的力量都可以，來尋求協助。當他踏上釋放過去、往自我接納邁進，並允許性愉悅回到生活的路途，那力量能在這一路上支持他。

對某些創傷倖存者（我從來不使用受害者〔victim〕一詞），可以使用靈性書籍或有聲課程來催化療癒。

內幕故事：淋浴時的修女

一個最近離婚的案主帶著身體不自在的擔心來看我。他憎恨他的陰囊上面長了一些白色小囊包，他發現這東西真是令人厭惡的醜陋。一位曾與我共事愉快的醫師同意在他檢查時讓我觀看案主的生殖器。當我看到他的陰囊，我確定那些囊包阻止他對女性在性方面敞開。

在隨後的教練時段，我們開始談他的性史，以了解他的狀況如何影響了他的伴侶。在幾次教練時段後，他回想起過去的虐待事件。我建議他記下來。每天早上寫下他所記得的孩童時期的事情。他生長在一個富裕的家庭，五歲時父親心臟病突然發作過世，他因而被送往天主教會孤兒院。六年後他與母親及她的新丈夫團聚。

我認為他的創傷是失去父母雙親，雖然一方還活著。然後他描述教會的修女怎麼虐待他。孤兒院要求所有男孩穿著游泳衣淋浴。對於這個漂亮的小男孩，修女們有額外的照顧。她們在每次淋浴後脫下他的游泳衣，如她們一向做的那樣輕撫他的陰莖。其他修女也在他早期發展的重要歲月中，打他、羞辱他、殘酷地訓斥他。

當我傾聽他的故事時，我與他一起掉淚，這些經驗致使他在性方面關閉了。而我相信他那些醜陋的凸塊（例如硬化的囊包）是他否認自己男子氣概的方式。我轉介他至治療師處，專心致志去解決他的議題，而我則教練他去相信他的男性魅力並找回他的性。

男性性擔心的範圍是很廣泛的。不要慌張。當你發展更多的知識和技術並有建立信心的經驗時，你會學到如何去處理所有範圍。

搞懂它！

1. 列出你對早發性射精案主可能會推薦的三個選項。
   (1) 醫學為基礎的
   (2) 行為的

(3)專注心智的

2.你會對一個有小陰莖尺寸擔心（身體不自在）的已婚男人說什麼？包括什麼資訊會使男人成為好情人，如何做現實檢視及自我接納的正向鼓勵？

3.現在，拿九種男性的性擔心，問問你自己是否有同樣的問題。

【第八章】

女性常見的性擔心與處理之道

相較於男性的性擔心，女性的性擔心更常開放地討論及書寫——有一部分來自自助式的文化催化，包括女性書籍、雜誌和針對女性觀衆的日間談話節目等元素。一般而言，女性的性擔心不會比男性更多，但在跟醫師、治療師、研究者及行爲調查的作者等對象陳述自己的性擔心時，心態卻更爲開放。例如，一九九九年一項刊登在JAMA針對女性性行爲的重大調查發現，43%的女性受苦於某種形式的性功能障礙！眞是令人吃驚的數目！

今天的女性與男性面對多種重疊性擔心，也有一些人的性擔心比較單純。在女性的性擔心中，低或無性慾居首位，與伴侶性交時無法達到高潮居第二位。在我的諮商實務中也看到許多性交疼痛的婦女——疼痛與性連結。雖然性交疼痛在女性中並不廣泛，在治療師及性教練的案主中仍是常見的。

治療女性的新興藥物尚在審核中，包括女性版本的硝酸鹽／威而鋼和睪固酮治療。此外，市面上有許多用來刺激陰蒂感官感覺的非處方箋外用藥膏（其中有一些的效果尚未得到確證），不消說還有誘激性器官的器具。但是女性可選擇的範圍仍不如男性廣泛。

經常干擾女性性愉悅的因子交織成複雜的擔心網。首先，許多女性仍然需要得到允許才能感覺情慾愉悅。（露絲・魏得摩博士，〔Dr.Ruth Westheimer〕，經常說：「給予允許（permission）去享受性」是她身爲治療師的主要工作）來找我做性教練的女性會要求我教導她們如何獲得高潮，並幫助她們療癒因這層擔心而受傷的關係，以及釋放她們壓抑的性慾。指導一位女性案主時，有時候感覺活像正在解開纏結一起的繩索。而且經常會發現，最後的一節就是那主要的擔心：允許。她從來沒有學習過如何在性方面對自己說「是」。

十種擔心

如同上章提過的，我會呈現擔心，討論潛在的原因，提綱挈領列出解決的選擇性，並使用案例來說明實務的應用。詳見附錄C的女性初談及評量表格。

女性十種常見的性擔心爲：

- 低或無性慾（LD）

- 前高潮原發性（無法達到高潮，不論獨處或與伴侶）
- 前高潮次發性（與伴侶無法達到高潮）
- 性交疼痛（疼痛的性）
- 陰道痙攣
- 性壓抑（SI）
- 身體自在議題（BD）
- 社交／約會技巧缺乏（SDSD）
- 強化的愉悅之慾念（EP）
- 性創傷（ST）

擔心一　低或無性慾

在候診室中瀏覽一堆女性雜誌後，令人不禁要下個結論：女性無時不在思考如何在床上正確表現以獲得更好更火辣的性。那對於部分女性來說可能是眞的。但是要有心理準備，將你絕大部分的教練專注於一個女性性擔心：低或無性慾，那也是我專業中的颱風眼。

遭到醫學專業人士貼上標籤的壓抑或低性慾（ISD），低性慾（LD）是女性中主要的性社會趨勢（sociosexual trend）（在男性中較少發生）。缺乏慾望換來的是無止盡地抱怨沒有時間或力氣性交。無性關係是我們這個時代的現象之一——即使在四十歲以下的伴侶／夫妻中也存在，我在隨後章節會詳加討論。

兩年來我在 iVillage.com 上教導如何爲性慾解鎖的線上課程。這個網站有超過一千八百萬名使用者，其中80％是來自不同年齡層及社經背景的女性。成千的人們上網報名並繳費上課，許多人還寫下這個非醫學方法如何改善了他們生活的證詞，我稱此課程爲學員性自我覺醒的旅途。（線上課程與視訊教學可以是你性教練業務的一個良好副產品。）

許多因素都可能導致性慾停止。低性慾通常是其他女性擔心的一個徵候。性不起作用。邏輯上而言她已經停止去需求性。

以下列出的基本導致因素似乎很冗長，與男性的性擔心相似。

原因

可能的原因非常多，因爲今日低性慾是許多因素交互影響導致的。

老化。停經前期（perimenopause）——在眞正更年期開始之前的時段（定義：最後一次月經之後的一年）——攪亂了女性的性驅力。動情激素產量減低會壓抑一些女性健康的性興趣。而卵巢及腎上腺（不只是老化，還有壓力的影響）之睪丸酮產量降低對女性亦有同樣的影響。潮紅、夜間盜汗、體重增加、臃腫及被男性忽視，在在使得女性覺得自己就像一塊烤過的冷吐司般不受歡迎（我在諮商實務中注意到，越來越多較年輕的女性也有更年期前期的症狀，不過這情形通常是來自主治醫師診斷錯誤）。

荷爾蒙大海。面對性慾喪失等老化的徵候，足以教人陷入五里霧，再加上一些荷爾蒙替代治療持續存在之爭議，許多女性感覺她們好像沒有救生筏似地飄浮在一片荷爾蒙大海之中。服用荷爾蒙補充劑，可以緩解低性慾症狀，但是代價呢？從子宮切除術到憂鬱症（抗鬱劑通常降低性慾），女性在接受醫學對治時或許會認爲自己無處可尋求幫助，即使這種幫助明明存在。她們害怕的是有健康就沒有性。

關係衝突與權力鬥爭議題。怒氣與怨恨在許多關係中造成痛苦。其影響甚且抑制了慾望。自金錢至小孩教養的日常生活議題的衝突也有同樣的效力。一些女性因爲不同的性慾衝突失去性的興趣。記得電影「安妮霍爾」（Annie Hall）中分鏡一景，伍迪．艾倫（Woody Allen）告訴他的心理醫生：「我們從來沒有性……一個禮拜只有三次。」而戴安．基頓（Diane Keaton）告訴她的治療師：「我們總是在做愛……一個禮拜三次！」

身體形象議題。對身體感到困窘或羞慚（甚至恨自己在鏡中的身材），會消滅一個女人的性慾。

疲倦。她是上班的母親，是馬不停蹄的單身的專業人士，也是個將心智、體能與金錢維持在良好狀態的高成就者，更是夾在年邁父母與正在成長的小孩之間的照顧者——今日的女性是筋疲力竭的！

性虐待史或一段虐待／脅迫的關係。一個女人「允許」自己去享受性，除非她能夠驅走心中的惡魔並療癒她的傷口。

沒有技巧的情人或伴侶。我經常很訝異於有這麼多人相信這句話：「沒有性要比劣質的性好得多。」有差勁情人的女性尤其是與伴侶做愛無法達到高潮的女性（前高潮的次發性）——常失去慾望。她們是在潛意識地避免另一個情慾的失望。

處理之道

請準備好在各個層次來討論這個擔心：身體的、智力的、情緒的及靈性的。

排除身體的／器官的低性慾之理由。你的案主有定期健康檢查嗎？她近期有沒有做過周詳的身體檢查？最近的性健康評量結果是什麼？深入解你的社區。你應該有一個專業轉介網絡，包括婦科醫師、產科醫師、在性傳染病（STIs）的診斷與治療方面的專家、外陰疼痛專家、治療師及家庭計畫和其他性健康診所。如有需要，幫助案主決定最好的醫療治療處理。

贊同荷爾蒙平衡。了解有關避孕和性傳染病的預防，包括治療時可能的負面性副作用（negative sexual side effects）。你必須熟知有關老化或提早到前停經期婦女的治療內容，包括處方箋藥方（通常是綜合荷爾蒙）、生物同質性荷爾蒙藥劑（醫生願意開此藥方），以及健康食品店或網路上的天然草藥。此外，也要熟悉另類療法和新時代資源，像是針灸中心。知道哪些是安全的、哪些是不安全的，是一種挑戰。總之你必須在你的社區中提供最完整最可靠的正確資訊。

教導她如何擁有更好的性。一個女人如果有個技巧不怎麼好的情人很容易低性慾。一個差勁情人澆熄女性性慾的速度是沒有其他事情可及的——例如無法幫助女人達到高潮的伴侶，或笨拙、粗魯碰觸的情人（許多女性是因爲其他的理由而選擇與這些男性在一起）。你的性教練一定要有藝術品味，因爲你是在教導女性案主如何去教導她的另一半，同時不讓他覺得自己是在接受矯正訓練。

嘗試以下方法：

- 重新引導資訊。幫助她盡量學習自己的性反應週期。教練她使用自慰做爲掌管身體及探討愉悅能力的方式。你可以決定使用身體教練，這是鼓勵達到完美自慰技巧之最佳方法，或者也可以選擇其他的資源，例如錄影帶、DVD、書籍。
- 向她展示如何重新引導他。給她書籍、錄影帶和其他教育資源（包括來自你的圖書室出借的）。這些資源可以提供她教導他的明確方向，也就是她從自己的身體所習得的種種。
- 教育她。大部分的女性需要直接或間接的陰蒂刺激才能達到高潮。男對女口交是最切確的途徑。許多女性能以手、陰莖或性玩具刺激G點而達到高潮。較少的女性經由肛門刺激達到高潮。教她一些技巧讓她和情人可以將知識轉爲情慾行動。你越能賦權予給案主如何獲得更多性愉悅的選擇性以及如何達到性愉悅，她就越能與情人分享這些課程。你可能必須做一些角色扮演的教練，教她如何接近她的伴侶。

內幕故事：安蒂和狼

在我教練過的許多受苦於低性慾的女性之中，安蒂讓我記憶特別深刻。她完全沒有性慾。第一次晤談時她和她的伴侶一起進來。他緊張不安、生氣，她則壓抑而悲傷。我密集地與他們兩人晤談有關個人的性史。他們倆各自工作都算活躍且到處旅行，雖然不是一起的。在這種關係中的伴侶，往往不是一見面就難捨難分，不然就是渴望聽到下一班飛機登機的廣播。

在我評量並建議一個行動計畫之後，安蒂的伴侶站起來走向門口，說道：「她才是問題。讓她去解決！」

安蒂和我坐下來繼續。我使用一個引導的想像時段來引發美洲原住民所稱的動物圖騰。安蒂的圖騰是狼。然後她做了個人的揭露：她發現她的性飢渴源自於內在的狼。即一部分的她——狼的靈魂——隱藏在洞穴中、而且不想出來。我教練她邀請那隻狼出來玩耍。突然間家裡有些事情開始改變。讓她的狼靈魂出現，給了她允許去面質自己低性慾的真相。她失去狩獵的衝動，因為她的獵物太熱衷於性。沒有狩獵的刺激，她必須創造一個新的典範來符合她內心的性需要。一旦碰觸到她的獵人自我之能量，她重新喚醒了她的性能量。

作為教練計畫的一部分，她同意每天花時間來承認她心中的狼。她創造一個空間來執行晨間儀式——崇拜她的狼。兩周後她說，自從我們前一次的教練時段之後，她曾引誘（很滿意）丈夫不只一次，而是兩次。安蒂勇敢地進入她內在現實的精巧結構中。有時那就是觸動性慾必須之事。

擔心二　前高潮原發性

前高潮原發性的女性不論是自己或與伴侶都無法達到高潮。這是不易治療的擔心，但不常見。因高潮擔心而尋求教練的大多數女性，是前高潮次發性（不能夠與一位伴侶達到高潮）。前高潮原發性的案主通常是不會自慰。

注意我說前高潮的，而不是高潮喪失（anorgasmic），一個醫學名詞。如同老式的字眼冷感（frigid），高潮喪失帶著批判與責難，而且沒有留下很多空間。我相信每一個女人都能夠發現自己達到高潮之途徑。

原因

這個擔心的原因通常來自過去。

僵化、性壓抑的教養。前高潮原發性女性可能接收並內化了來自父母、其他的家庭成員或宗教權威的性負面（sex-negative）訊息。

孩童時期性虐待或羞慚的經驗。例如對她正發育的身體的持久負面批評或外在的猥褻。甚至，因爲裸體遭到父母或手足羞辱也會壓抑性發展。

忽視她自己的身體及性。一些女孩成長於象牙塔中。她們可能有正常青少年的慾望感覺，但是不知道如何將那些感覺轉換成愉悅的情慾探索。

在原生家庭中缺乏隱私以及沒有或不良界線。前高潮原發性女性可能在擁擠的家庭中長大，或者曾經爲父或母所壓抑，不允許她擁有探索自己私慾的時間。

處理之道

當你回顧案主的歷史時，用你的創意推薦一些自助資源，如果你願意的話，對她做身體教練。

仔細回顧她的性歷史。你可能會發現案主的性歷史非常艱辛——例如遭到繼父性虐待，早期男友笨拙的觸摸令她難堪又困惑，又或者是害怕的裸體經驗。一些前高潮原發性的案主以爲觸碰自己「下面」是骯髒的、壞的或有罪的。在這些情況中，身爲性教練的你主要工作就是教導她，自慰是人類的性中健康自然的一部分——並允許她去發現及享受自己的愉悅，然後討論她的過去，才能確知是什麼阻礙了她孩童時代竟不會探索自慰。給她自慰時段作爲家庭作業。

提供最佳自助資源，幫助她學習如何自慰。我這些女性必讀的書單中，前兩名分別是：

貝蒂．道生（Betty Dodson）的《一人的性》（*Sex for One*）及郎妮．巴巴赫（Lonnie Barbach）的《爲你自己》（*For Yourself*）。這些是性學領域中爲女性所寫的一人的性最佳書籍。除了這兩本，你的圖書出借室應該包括其他書籍，再加上錄影帶和DVD，如道生的女性自慰訓練工作坊錄影帶「自我愛戀」（Self Loving）。另外一個很棒的自助資源是辛克萊機構（Sinclair Institute）的書及同步錄影帶課程，《達到高潮》（*Becoming Orgasmic*），書中提及，一個女人發現自己的性生理與自慰模式，因而在與她心愛的丈夫做愛時達到了高潮。

使用身體教練。我發現那些爲了自慰而勇敢經歷身體教練的女性有強有力的突破經驗，而這個經驗在她們私下的自慰時段中導致良好的結果。一個性教練能教導案主超越她舊有的受限界線而產生正確的舉動。對於一些女性而言，身體教練是重要的分水嶺。有一個床邊教練幫助她維持歷程，可以是讓她衝破藩籬獲得高潮的關鍵。

內幕故事：瑪拉和她的第一個高潮

瑪拉，四十五歲，從來沒有碰觸自己腰部以下部位，更不用說自慰了。想當然爾，與男性在一起時她是前高潮（pre-orgasmic）的。獲得她的歷史並知曉她是前高潮的原發性後，我們開始自慰訓練。

起初她對於把作業帶回家練習有點害羞。幾個禮拜過去，她成功地碰觸自己的性器，而且可以把玩新的性玩具。起先她很高興有所進步，但是她仍沒有達到高潮。

我們兩個人都覺得她卡住了，當我建議身體教練時她幾乎沒有遲疑，她想找到釋放的慾望是如此高。我親自教導瑪拉脫衣服後躺在用毛巾覆蓋的小沙發椅上，手裡拿著潤滑劑、她的日立牌魔術棒，旁邊還擺上其他的玩具。

「深呼吸，」我說，「放開你感覺到我在看你的焦慮。」她以塗了潤滑劑的手指在性器上摩擦了幾分鐘暖身之後，用魔術棒在她陰阜上的小毛巾上震動。然後她拿起彎曲的壓克力陰道用陰莖，使用了一陣子。在震動與抽送之間交替，她很快就達到高激發的程度。

「繼續，」我說（繼續是性教練最有用的真言），「繼續，」我重複，然後我看到她開始推開之前阻礙她釋放的障礙。她抬起骨盆，顫抖且搖動，而且，是的，終於達到她第一個高潮！隨後她躺在小沙發上一陣子，眼淚靜悄悄地流下。她直視我的眼睛。「我該如何謝謝你呢？」她問，「你給了我我的性。」

我移近她握著她的手，拿了一條毯子替她蓋上。我很榮幸在她生命中最特別的幾件事情之一引導了她。即使你只是成為一個女人腦袋中的聲音，幫助她達到第一個高潮（不是當她到高潮時坐在她旁邊），你在另外一個人的性旅程中便扮演著強有力的角色。

擔心三　前高潮次發性

前高潮次發性的女性可以經由自慰達到高潮，卻不能在與伴侶做愛時達到高潮。很不幸地，當抗鬱劑的使用激增時，可能有越來越多的女性面臨這種擔心。如果服藥不是元凶，那就還有其他的原因。

原因

就邏輯而言，此擔心與關係（relationship）中的性有關。

缺乏信任。她可能不信任一位特別的伴侶——或者一般男性。

害怕親密。是的，女人也會恐懼親密。她們只是以不同的方式表達。

沒有能力放開。她可能需要掌控或覺得每件事情都要在控制之中。事實上，她可能在能量層面上阻擋自己，甚至在做愛時停止呼吸。

一個無技巧的伴侶。她可能與一個無法爲她的解放提供充分生理刺激的情人在一起。

不足的心理激發。在有眞正身體行動之前或當時，她可能需要更多的精神或幻想激發的刺激。

沒有得到與伴侶性交的允許。通常與伴侶發生關係的羞慚、害怕或罪惡之三重奏，尤其是性交，會減低女性與伴侶性交時達到高潮的能力。

假裝高潮的模式。任何女人都可能假裝高潮以避免令伴侶不快或傷害他的感覺。

性無知。她及伴侶可能都不知道能做些什麼讓她達到高潮。

與伴侶的不良溝通技巧。她可能知道自己需要他做什麼，卻覺得無法告訴他或在他面前表現出來。

以上提及的成因中，有些會在下章討論（有關伴侶），因爲它們是親密議題。你需要幫助你的案主找出是什麼事情阻止她與伴侶在一起。假如你的幫助對她沒有用，幫她轉介給受過訓練的心理治療師或諮商師。對於一個與伴侶在一起時有根深柢固的情緒或心理高潮障礙的案主，例如有嚴重親密議題的歷史或因爲受創的孩童時期而延伸至今的缺乏信任，性教練可能是不夠的。

處理之道

你越能幫助案主看到她關係中可行及不可行之事，對她的幫助就越大！

幫助她辨識她的愉悅阻礙。她能經由自慰到達高潮，那是什麼阻止她在與伴侶的性中獲得相同經驗？探討她的成因因素，矯正任何可能的技術層面錯誤資訊——例如，她應該只能由性交中獲得高潮。對於每個女人而言，陰道不是女性愉悅的主要地帶。對非常多數的女性而言，陰蒂才是。

重新框架她與伴侶在一起體驗愉悅之權利。幫助她建構個人的肯定一覽表，應用於她與伴侶的性高潮中。例如，建議她每天早上說：「我，莎莉與約翰將會經歷很棒的高潮。」或者，「我，梅西與喬很容易就能獲得高潮。」諸如此類的每日正向肯定句能加強案主的信念系統，並幫助她朝向更能達到高潮的境界，一個精神／情緒同存的地域前進。

幫助她面對目前性關係的真相。有時候個案主在關係中覺得不安全，因爲她在關係中是不安全！以她所說過的話爲基礎，分享你對她的關係的看法及感覺，鼓勵她去看她在關係中與關係外的其他選擇。或許她達到高潮的困難其實是與性無關，而且就是她關係裡嚴重問題之指標。

教導她三門技術（the Three Door technique）。我通常會在案主身上使用一項基於三個門的隱喻技術。首先我讓她（或他）列出在擔心解決之前必須回答的一些問題，然後我們討論每一個選擇性。結果則是她所做的被告知的選擇，成爲她賦權歷程的一部分。例如，一位無法與伴侶達到高潮的女性可能會面對不愉快的現實：問題在於關係，而不是她的性。她必須問自己關鍵性的問題：這個關係健康嗎？假如有困難，這些困難能解決嗎？我能夠在自己身上下功夫來改善關係嗎？我能有腳踏實地地期待與（或不與）伴侶在性教練歷程中完成什麼事嗎？這份關係是不是已無力回天？現在是不是該繼續往前走？

幫助她回答這些問題並讓她做決定，我說：「你有三個選擇，想像有三個打開的門讓你選擇。你必須擇其一。」

●第一個門：什麼事也不做。維持原狀。接納你會繼續與性擔心共存，雖然它非常困擾你，甚至讓你向性教練尋求幫助。（我也稱此「繼續忍受的選擇。」）

●第二個門：努力改變關係。讓你的伴侶加入改變的歷程。假如他或她不願意改變，你必須改變，尤其是你對關係的認知。

●第三個門：結束或離開。「你必須選擇，」我告訴她，「沒有人能爲你選擇。」我看到這種事一再發生。幫助案主學習如何得到她（或他的）選擇的權力——然後據此去行動——這是你身爲性教練能夠給案主的最棒一堂課。

對她賦權。那些在七〇及八〇年代性活躍或正學習性的女性，一定很熟悉這個句子：「對你自己的高潮負責！」當一個女人與伴侶無法到高潮，但是可以經由自慰達到高潮時，我總是以賦權的訊息開始。她必須負起責任學習自己的性反應模式，要求（或告訴及顯示）她想要／需要什麼性刺激，還要放得開。如果她與伴侶溝通有困難，試著與她進行角色扮演。

我也這麼教導：「你不能刻意讓自己達到高潮。你必須讓它自然發生。」魔術般的思考？無疑置疑！高潮的一個基本要素就是要有能力放鬆、進入感官感覺，並讓這些感覺得到釋放。

建議個人或伴侶諮商。假如問題是與這個男人的這段關係，她可能需要透過治療幫助她整理他們在床上發生的議題。

提供教育性和情慾的書籍、錄影帶及DVD情慾錄影帶。讓她和伴侶一起觀看情色影片，片中男人對女伴口交，以及用手愛撫，不僅會催化激發，也是在教導她及她的伴侶。太平洋媒體娛樂（Pacific Media Entertainment）的《口愛指南大全》（*The Completed Guide to Oral Love Making*）即是最佳的例子。

教導達到高潮的九大步驟。以此作爲身體教練的示範，或是案主在家練習的引導。

1. 呼吸。集中呼吸打通身體，感覺舒暢。緩慢深層的呼吸能幫助案主將白天工作的壓力轉換爲性的感覺。呼吸是放鬆進入性時光的第一個步驟。我稱它爲「蛋呼吸」（Egg Breath）——我那些不容易放鬆的女性（及男性）在他們身體的四周形成一個「有能量的蛋」，帶著這個想法深深地呼吸。
2. 心智控制。假如她不能夠自行在腦袋裡栩栩如生地幻想，就利用情慾書籍幫助她產生綺想。幻想能夠幫助減輕有關高潮的焦慮。千萬要記住：絕對不要想就是要有高潮！
3. 前戲。專注在被親吻、被摩娑、碰觸及撫弄等愉悅的感官感覺上。在這個階段做任何能使她亢奮的事，不論是接吻或胸部撫弄，甚或欣賞三級電影、講淫穢的話。
4. 維持激發。通常在性器官之外的其他地帶時續的親吻與撫弄，以及交替去碰觸性器官，都可使女性處在亢奮中。善用感官按摩。（見《感官按摩愚人指南大全》〔*The Completed Idiot's Guide to Sensual Massage*〕）。
5. 刺激陰蒂。大多數女性都需要有直接或間接刺激陰蒂，不論來自手指、陰莖、性玩具或嘴，以達到高潮。絕對不要忘記。

6. 加上包覆的感官感覺。刺激陰蒂時，將伴侶的陰莖或性玩具（假陰莖或陰道振動按摩器）插入陰道（或肛門）中，提供陰道包覆實物的感覺。

7. 高潮的模仿訊號。接近高潮時她應該呻吟、拱起背、抬起骨盆、上下抽動、捲曲腳趾與手指，並緊縮陰道肌肉（或使用PC收縮）——所有這些活動均會鼓勵高潮到來。

8. 每天練習PC運動，保持PC肌肉對高潮有助益（見附錄D我的模式）。

9. 定期更新尋求愉悅的許可。教導女性對她的高潮說是，不論是忙碌、疲倦、有壓力、感覺肥胖或甚至對她伴侶不悅。她永遠有權利追求愉悅。

內幕故事：穿著紅狐狸披肩的女士

最令我驚喜的案主時段之一，是我與一位將近六十歲的一位女士，在九次密集高潮教練時段中的最後一次。她是一個艷光照人、性感、世故的女性——她非常沮喪，因為無法與任何男性伴侶達到高潮。這個女人有辦法讓任何年紀的男性接近她，卻無法在床上得到她最想要的。她參加我的一場專題演講，偷偷遞一張紙條給我詢問我是否可以私下指導她。如同每個人一般，我為她的魅力所吸引。

「我參加過自我覺察治療和個人情慾成長專題講座——而我無法達到高潮。」她說。但是她決心要突破她的抗拒，體驗她所認為的終極愉悅。陽光美好的那一天，她走進工作室，紅色狐狸披肩披在肩膀上，臉上有個大笑容。「我知道我已經很接近了，」她說，她很快地轉身坐到沙發上，把披肩往外一扔，突然間又站起來走向浴室，幾分鐘後昂首闊步走出來，手中拿著一根日立魔杖（日立牌按摩棒），沒穿衣服，只有臉上的妝及三串珍珠項鍊。她撿起了披肩，鋪在火爐前面的地毯上，然後躺下來。我關上窗簾，按下錄影機的按鍵，然後說：「好。讓我看看你的進展。」

就像一個完美的學生，她毫無瑕疵地執行了我在高潮教練中教導她的每一個步驟。但是她卡在抵達高潮前的高原峭壁邊，上不去。我開始輕聲細語地對她說：「不要停下來，你做得到。」她嘆氣，然後繼續。我提高音量：「你可以做到任何事情……繼續努力……親愛的……。」

然後就像一艘太空船駛入超空間——她到了高潮。尖叫、呻吟及歡笑到了筋疲力竭的地步，她終於可以說：「我做到了！我高潮了！而且披著一件紅色的狐狸披肩，就穿這樣！」

「你就像一個公主一樣。」我說。

最後一個指導忠告，我告訴她要求她的伴侶重複我剛才跟她說的事情，起先，喃喃低語，然後越來越大聲，每當她到達高原時。那想必很有效，因為我再也沒有看過她了。

擔心四　性交疼痛（疼痛的性）

醫學專業人員陳述有越來越多的疼痛的性的個案，也就是性交疼痛疾患。性交疼痛最常見的三種形式是骨盆腔疼痛疾患、外陰疼痛議題，以及由極度的陰道乾燥所造成的疼痛——可能是老化或服藥的副作用，或是不必要的外科手術，甚至太晚懷孕——如同關係議題——造成的情形。這些疼痛狀況使得性交困難，阻礙了性愉悅，而且如果不管它、不予以治療，終究會殺死性慾。

原因

骨盆腔和外陰疼痛疾患的原因可能是生理的，也可能是心理的，通常需要進一步的治療。

處理之道

治療這個擔心的方法通常是純粹就性生理層面切入。

將有嚴重骨盆腔或外陰疼痛疾患的案主轉介給醫生，然後再轉介給治療師。疼痛的性疾患通常可經由醫療途徑解決。將案主轉介至婦科醫師、性健康中心或專注於女性性狀況的泌尿科醫師處。她需要不只是性教練——雖然接下來的教練能幫助她恢復信心且重新找回性慾。

如果案主的擔心是僅由陰道乾燥所造成，找出她在性交時為何不能分泌潤滑液。在逐漸老化或正在服用某些處方藥物（藥局架上的藥物也可能造成陰道黏膜乾燥）的女性中，最常見的抱怨就是陰道乾燥。停經前或後的女性荷爾蒙失調是元凶。許多年長女性的動情激素不夠或失調，會導致自然而然的少分泌或無滑潤。她們是激發了，但是不會濕潤。

把案主轉介給有能力的醫療專業人士，開一些藥方，如荷爾蒙乳膏或可插入陰道的栓劑以獲得性強化。她可能需要採用荷爾蒙替代療法、動情激素替代治療或者使用草藥刺激她的性慾及潤滑的能力。

教導她激發技巧，包括能用在自己身上，也能教導伴侶的一些技巧。受苦於這個擔心且未服藥的年輕女性可能無法分泌潤滑液，因爲她們在性交之前並不覺亢奮。尤其是如果她沒經驗，可能不知道哪些心理和生理的激發技巧對她是有用的。她也可能有一個彆腳情人，所以需要外界幫助，才能將她想要感覺亢奮的這個需求跟對方溝通。

假如已經排除生理方面（及較深層的心理方面）的原因，那就轉而探討她對伴侶的感覺。案主可能對伴侶的態度是愛很交纏，因而壓抑了她的激發。她在關係中可能有一些情緒議題使得她無法激發。有時候女性留在關係中是爲了性以外的其他理由（例如他是一個好供應商，她的家人喜愛他，他是她最好的朋友等等），然後便知他們爲何性上亢奮不起來。

建議使用潤滑劑。我通常會建議陰道乾燥的女性使用個人化的潤滑劑，例如：Astroglide、Ero、Liquid Silk、Probe 及 Replens（專爲陰道乾燥所用設計）。性的刺激物包括順勢療法的混合物或強化性感覺的草藥，有名的牌子如 Allurex 或 Vigorex。我個人對潤滑劑的選擇是ID Pleasure，它含有L蛋白胺酸，改善了女性在陰蒂區維持激發的能力。（註：以上潤滑劑並未在台發售，故無中文譯名）

內幕故事：羅伊與阿曼達——喔，我們超過五十歲了！

我只簡短地指導了羅伊和阿曼達，因為他們只需要在安全的環境中有個單純的機會來表達逐漸老化的恐懼，並學習能夠幫助他們在這個生命新階段中維持性的產品。阿曼達處於前更年期，羅伊很害怕他們的性生活即將停止。當他們來看我的時候，她的性驅力已經大大降低了。

「我對性沒有興趣，」她承認。經過一些誘導，她承認在逃避性，因為會痛。「事後我會覺得疼痛。」

「她不像以前那麼濕潤。」羅伊防衛地加上一句。

他們曾經試過以唾液來處理（只有一次有效）、KY果膠劑（太快就乾了），以及一些新潮的潤滑劑，根據羅伊的說法，它們不太黏太稠就是太香。在一次指導中，我建議這對伴侶一種新的性刺激物，它不需荷爾蒙就能增加陰道潤滑。這是順勢療法的藥物，安全取代了有爭議的荷爾蒙選擇。一週之內阿曼達的陰道乾燥結束了。她因亢奮而濕潤，他們兩個都很開心。後來還打來電話向我道謝，笑著說要備一些庫存。

只要你有良好的資訊把市面上所有的產品介紹給案主，包括天然的產品，陰道乾燥造成的疼痛事實上是比較容易治療的。

擔心五　陰道痙攣

陰道痙攣，一種陰道疼痛的痙攣性收縮，相當少見。如果你真的碰到了，將有機會神奇地轉變案主的生活。有此遭遇的女性非常痛苦，陰道痙攣讓她的陰道無法忍受任何插入，性交成了不可能的任務。不消說這會毀掉一個關係。我看過一些女性個案，在新婚之日還是處女，卻在新婚之夜發現根本不可能和另一半性交。醫生告知許多陰道痙攣患者這個問題源自心理有障礙，不用看醫生。雖然有心理的成分在，但女性案主還是免不了擔心生理層面的問題，甚至要醫治。

原因

原因通常是心理或情緒的，但有時候是根源於完整的處女膜。

處理之道

在探討可能的原因之後，鼓勵案主做必須的自我碰觸來突破。

排除最簡單的解釋：完整的處女膜。詢問案主是否知道她的處女膜仍是完整（貞潔並不等同完整的處女膜——它可能在運動之類的活動中撕裂）擁有非常硬厚處女膜的女性甚至必須以外科手術除去。也可詢問案主月經是否正常。假如是，那她陰道內應該就沒有其他路障了。

探究她的性歷史。找尋曾遭猥褻的過往（即使是單一事件），即能是她關閉陰道的遠因。與她一起努力療癒那些傷痛，並將她轉介給專門處理性虐待議題的治療師。

把她轉介給醫師，或幫助她找到陰道擴張器具。介紹案主到婦科醫生那兒，一個你知道會很有耐心的醫生，他／她會幫助她，在嚴謹的監督之下，以成套的擴張條狀物打開她的陰道。一些情趣用品店也有販售陰道擴張器。假如案主不肯去見專科醫師，或是你無法在你住的地區找到專精此類治療的醫師，那也可改幫她找到好的產品，經由使用它的過程來指導她。

教導她碰觸自己。教導她（及她的伴侶，假若她有的話）如何在自己家中的隱密處打開心胸去碰觸陰道。技巧是：溫和地插入沾了油的棉花棒（建議維他命E油），然後再以塗了油的手指進入，接著兩隻、三隻手指等等，一直到陰道足夠寬到讓陰莖插入。

身體指導。在做身體指導時，我並不主張碰觸案主。假設你希望她能向你展示她所能忍受他人碰觸陰道的深度，而且這又是必須程序時，在雙方都能接受的情況下，建議你使用塗了油的棉花棒或一根手指。如果你是以案主性教練的身分來探測，一定要使用乳膠手套，還要能敏銳地感應到案主是否恐同。

內幕故事：克服陰道痙攣

我只碰過一位有陰道痙攣的案主。「技術上」來看，瑪格是個處女，她從來沒有經歷過陰莖插入陰道。瑪格偶爾會有雙性戀的幻想，但仍渴望男性的性插入（「我不想終其一生作為一個怪物！」她曾經叫道。）我支持她的追求：去探索所有性渴望。

她的行動計畫包括與一位男性代理人一起嘗試（很難找到的一位）。他在兩次指導時段中溫和地誘勸她用他的手指插入。當我們快到陰莖插入的高峰時，她喊停。「實在太嚇人了——我就是做不到。」她在我的工作室哭泣。儘管沒有性交，這段工作的過程仍強有力地改變了她。

「我覺得我像個真正的女人——可以讓一個男人進來。」在報告過程中她嘴角掛著笑容。即使如此，她繼續與女性探討性的碰觸，例如用不同寬度的物件插入她陰道的性教練方法，從一根棉花棒到她自己的手指到代理人的手指，她已經克服了陰道痙攣。

擔心六　性壓抑

性壓抑（SI）在女性中相當普遍，而且經常彰顯出其他擔心的徵候——無法達到高潮；羞慚、罪惡感或害怕性——身體形象議題；甚至性創傷或虐待史。許多性壓抑的女性有酒精或使用玩樂藥丸等問題，這些藥物會降低壓抑同時也會阻礙判斷力，還可能使女性走向自我毀滅的有毒途徑。

如同男性，女性經常默默地忍受她們的性壓抑，直到所愛的伴侶催促她們打開心房。性壓抑的女性與有高潮或疼痛性擔心的女性雖然不同，後者通常是毫無保留地尋求幫助以克服她們的性羞怯，或者更常見地，求援是爲了安撫她那乞求情慾花招卻失望的男友。性壓抑女性想要釋放內在嗚嗚作響的汽笛，然而要幫助她並不像揮舞魔杖那麼簡單。

原因

男女性壓抑的原因很相似：一段遭到性壓迫的童年時期，一些他們覺得羞慚或受到嘲弄的事件，或長時期的守身。無論是來自充滿負面或壓迫性訊息的孩童時代、相關身體自我厭惡的歷史、或者僅只是缺乏經驗，性壓抑案主是需要性教練的典型例子。

內幕故事：奔向梅蘿甜心

梅蘿是一個典型的性壓抑案主。「我的男友要我來的，」當我們初次見面的時候她傷心地分享：「他希望我對於性不要那麼壓抑。」

梅蘿和我創造了一個行動計畫，包括上探戈舞蹈課程、脫衣舞課程、閱讀情色書刊、觀賞性電影（見附錄E），甚至瀏覽線上戀物癖／女性內衣網頁。一天晚上我們在當地的情趣用品店見面，她買了一個振動按摩器、一個假陰莖、一些潤滑劑、一個性遊戲、一些書籍、幾片DVD，以及沒有褲檔的褲子、一條鞭子和手銬（色情用的），還有一些其他好東西。她的信用卡在櫃檯前刷到冒煙！

梅蘿是一個真正的童子軍，無論我建議什麼她都會去做。她的未婚夫甚至e-mail一張謝卡給我，承認並接納她的努力練習以及她的轉變。收到這類回饋總是讓性教練更值得。

處理之道

幫助此類案主會帶來很大的成就感。選擇使用下述一些或全部的處理之道。

檢視她的歷史。首先發掘她壓抑的根源。使用第六章所討論的性歷史，挖掘她的過去／找出她在孩童期、青少年期或成年前期是否有過受創性經歷——例如，違反原生家庭的宗教價值而失去處女身，或對於身體的一些部分感到羞慚（羞慚和身體形象發展會在後文有關身體不自在議題時討論）。辨識原因並幫助她重新框架議題，可能是她克服壓抑的所需。

強調允許。強調P這個字：允許（Permission）。性壓抑的女性若不是未處理她自小到大教養中羞慚、害怕或罪惡感的老議題，要不就是過去的經驗，或者不覺得值得有性及感到愉悅。因爲沒有人允許她們，尤其是她們自己。

教導她情慾技巧。這是眞正教練工作開始之處，可以是在教練時段及她的家庭作業上。幫助她創造一個新的性人格面具。你可以指導她如何形塑出她想要成爲的情人——並且傳授她能夠應用的技巧，幫助她去解除她的壓抑。

提供資源。鼓勵她閱讀書籍，例如卡羅女王（Carol Queen，一位熱衷性正向女性主義運動作家、編輯、社會學家及性學家），所寫的《害羞者的暴露主義》（*Exhibitionism for the Shy*）適合此類案主閱讀。給案主情慾和色情書籍、電影及DVD，讓裡頭以正面形象登場的果敢的性慾女性來啓發她。建議她上肚皮舞或脫衣舞課程——任何可以在性、身體、精神的活動都很適合。

擔心七　身體不自在議題（BD）

對多數女性而言，或許性自我接納（sexual self-acceptance）與實證的最大阻礙就是身體不自在（BD）。痛恨在鏡子裡反映出來的體態，感覺自己太瘦或太胖，希望鏡子裡的你看起來像任何人，只要不是你就好，甚且從來不想要開燈與伴侶做愛等，這些念頭不但傷害到一個人的自尊，也嚴重影響到性功能。身體不自在是低性慾的主要原因，畢竟一個女性如果不認爲自己是令人垂涎的，勢必很快就會失去性慾。

原因

身體不自在擔心的原因與許多前文陳述過的原因相似，包括孩童時期便承受與性有關的羞慚、罪惡或害怕。身體不自在的女性可能有一個其實是錯誤的理想化女性身體形象，或感覺她身體某個或許多特殊部分是惹人生厭的。

處理之道

當案主沒有很明顯地提到此擔心，反而要特別注意身體不自在的訊號，讓你的直覺引導你進一步協助她放開。

給她一個現實檢視。男性的身體不自在議題通常是聚焦於陰莖尺寸（只要能讓案主看看正常尺寸陰莖的模型，就可減緩其擔心），而女性的身體不自在議題傾向更廣泛，聚焦於胸部、臀部、體重、小腿和屁股。作為一個性教練，你甚至還會碰到認為自己的陰蒂太小或陰唇太大的案主。幫助她了解每個人都不一樣。推薦你使用《女性》（*Femalia*）這本書（內有女性性器官的彩色照片），以及貝蒂•道生的錄影帶「陰部萬歲」（Viva La Vulva!），內容是工作坊的女性學員展現她們的性器。各種高矮胖瘦、體態、年紀和膚色的裸體女性照片，讓那些擔心胸部、體脂肪和其他身體不自在議題的女性作為參考，這也是一種現實檢視。看到其他女性裸體可以是療癒的開始。

鼓勵她獲得治療。在性成長中曾經有過創傷、受虐、脅迫、羞辱和貶低的女性（呈現出任何形式的性擔心），通常需要治療來克服她們的性往事。假如你是個治療師，可以綜合指導與治療來處理根深柢固的情緒擔心。假如不是，就為案主轉介。

使用引導想像和其他自我接納技巧。引導想像是一個強有力的技巧，鼓勵案主接納以及最終去愛她自己。經由練習，她學習如何從不同角度來思考自己曾經極其討厭的身體。（引導想像的練習樣本，請見附錄A）。以下內幕故事所描述的觀鏡活動，是另一項可帶來良效的技巧。

內幕故事：擁有令人驚嘆的胸部的女人

珍娜，一個特別勇敢的案主，和她的丈夫尋求指導幫助以重燃閨房內的性激情。我見了他們好幾次，在過去幾年不定期的教練時段中。我在最值得懷念的一個時段使用了觀鏡活動。我一開始就向珍娜解釋這個練習，並建議她回家練習。她給我一個迷惑的表情。突然間我明白了：她需要我跟她一起做。當她靜靜地專注地注視著時，我脫掉衣服，裸體站在工作室的全身長鏡之前。「從頭的頂端開始，」我說：「然後往下至全身，看著鏡子然後告訴自己，你看到什麼，又讓你感覺如何。」然後我自己示範，身體的一部分接著一部分，大聲說出我在鏡中所看到的以及我自己覺得如何。這並不像說起來那麼簡單。對著鏡子談論自己的身體是一個很有力量的活動，這些字眼就像旋轉除草機一樣，可以把你所背負的身體的任何情緒包袱除去。當我一路說出在我身上所看到及感覺到的，我與珍娜分享我的眼淚與歡笑，而且我也表達了內心的脆弱，尤其是有關我的小胸部。她起初有點目瞪口呆，後來逐漸放開。我在她臉上讀到溫柔。「該你了。」我說。

全裸的她站著，胸部似乎快垂到肚臍。當她講到胸部時她哭起來：「我的胸部讓我覺得很羞恥，它們實在是太大了。真是負擔。」接著她又咯咯地笑，「但是他很喜歡它們！」她像小女孩般快樂地旋轉。

我帶領她聚焦於想要掩飾的深層痛苦。她啜泣著，傾洩出所有的情緒。在活動結束時我們擁抱，穿戴整齊。

「貝蒂博士，我從來沒有允許自己說出有關身體的真相。除了我的丈夫以外沒有人看過我的裸體。你讓我覺得我很完整——就像美麗的女人。」那個時段是她的轉捩點。不久她開始在性生活中出現驚人的改變。我永遠珍惜與珍娜的那一天，她回家時候臉上散發光輝，而且已經卸下她與丈夫一起時的壓抑。

擔心八　社交／約會技巧缺乏

約翰・葛瑞是對的：大多數女性不會依賴電話簿來找尋專業協助，好讓自己擁有活躍的社交生活。男性反而比較容易爲此尋求指導。雖然網路交友多多少少有助於減低這個擔心，但是大多數有社交／約會技巧缺乏（SDSD）的女性仍然是孤寂的，她們可能會跟女性朋友抱怨遇不到好男人。通常社交／約會技巧缺乏的女性，還有其他的擔心，也就順理成章地隱藏在那些其他擔心之下。

原因

就像有身體不自在擔心的女性一般，有社交／約會技巧缺乏的女性很容易在衆人面前感覺受傷，她們缺乏隨興聊天的社交技巧，也可能避免和大家聚在一起聊天。單一事件、缺乏機會，或甚至單純的天眞或無邪也能是導致社交／約會技巧缺乏的因素。

處理之道

對於這些案主，你可能得使出渾身解數！

帶她進入世界。她可能不知道哪裡可以碰到男人（或者女人，如果她是女同志）。你需要有一個單身聯誼活動和社交訓練機會的資料庫。記住，聚會地點常常會變來變去。你還要掌握最新資訊。

在洛杉磯，我曾經推薦約會工作坊和單身團體——有些是一般性的，有些則依生活方式、宗教附屬團體、嗜好和其他興趣而開設。在發現案主前往社交圈或性活動的圈子之前，你必須讓她準備好處理關係，以及發展她對自己的自在感覺。

爲了達到目標，詢問她期待的特定目標，爲她量身訂做建議事項：她想要找一個猶太人丈夫？或是一個愛衝浪的伴侶？

讓她準備與人社交、約會。使用角色扮演幫助她發展、磨練對話技巧。教導她找到自己的雷達以尋訪適合的環境和安全的男性。很不幸地，我們必須要指導女性特別小心，尤其當她們遇見在網路上見過照片或影像、自認爲很了解的男人。提醒她們在公共場所會面的重要性，咖啡廳最好。建議她安排無須花很多時間及金錢的會面，然後要在公開的場所見面。

做她的儀表及時尚顧問。委婉巧妙地——就如同你使用在男性身上——提到衛生和打扮的議題，包括不愉悅的身體異味。提供良好的資訊給擔心如何維持香噴噴的外陰部的女性，例如建議她們避免用有香味的沖洗劑，以下都是禁忌：尼龍（非棉質褲底）、絲襪、抽菸、過度飲酒、非常辛辣的食物或小菜，當然還有，不洗澡。對你來說似乎很明顯，一個體重過重的女性更需要特別注重個人衛生，但是她自已並不覺得。給她髮型、化妝和衣著方面的忠告，此外也要知道建議她去哪裡尋求更好幫助，整形外科、美容手術或其他的治療，包括做臉、染髮和修腳指甲。

擔心九　強化愉悅的慾望

經常有女性案主這麼說：「我的性關係很好，但是我想要更好。」這些女性的性權無須懷疑，她們知道她們是誰、要什麼以及喜歡什麼。她們訂下目標，並且盡全力要達到目標。

強化愉悅（EP）的女性可能想要拓展性生活，任何層面都是，從自慰到性交。她會訂下課程來讓你做指導工作。簡言之，她是性教練的夢想案主。

原因

強化愉悅的女性沒有其他類型案主的包袱。她只要全心致力於個人需求，拓展她的性經驗。讓她容光煥發吧！

處理之道

這些案主會是你教練生涯中最最喜歡的案主。盡你所能創造出各種推薦活動，助她擴展她的感官愉悅。

教導她新花招。推薦有關性技巧的書籍、錄影帶和DVD。教導她如何使用（或如何使用極致）玩具來強化她和伴侶的感官。計畫一趟旅行，跟她一起探索情趣用品店。介紹她新奇的性產品，像面具和服裝。教導她角色扮演的遊戲，與她的伴侶一起分享。

身體教練。她可能想要身體教練的技術，例如教她使用一個振動按摩器達到多重高潮的能力。再次強調，你要作主，你隨時可以說：「不，我不做身體教練。」但如果她轉身離開，也要準備替代方法。演練幾個反應，「對不起，我不做這類型的工作，但是我很願意將你轉介給莎莉・波士頓（Sally Boston），她是這方面的專家。」做好諸如此類的準備，將使你免於陷入陷阱，做出專業領域之外的不自在舉措。

建議進階資源。假如她想要比書籍、錄影帶及DVD所提供的更多的資源，建議她去上進階工作坊（例如譚崔），向最佳的實務工作者學習（見附錄E）。建議她去性學高級研究學院上一些課程，不論是通勤修習的方式或在家認證方式。她也許甚至想要了解性教育、諮商或指導等方面的生涯選擇之資訊——或者夢想拍攝色情電影。

探討她雙性或同性戀導向。她對於自己的性認同或性導向可能有些搖擺不一，因而尋求你的幫助來探討這些選擇。我們現今所處的文化氛圍對同性戀是較爲友善的，女性會找你求助，討論她們是女同性戀或雙性戀（男案主亦然）。她們也會期待你引導她們去探索內心感覺到的雙性戀拉力。假如她要求的話，你可以建議她嘗試一些團體，閱讀資料或網路上支援。這類別的女性的伴侶可能堅持她與另外一位女性有性牽扯，你可以幫助她探討這個選擇性。

擔心十　性創傷

性創傷（ST）在女性與男性身上並無太大差別，它們都會留下疤痕。如同男性一般，女性說她們覺得自己很髒、很羞慚。性創傷通常導致性的關閉，假如不提出來討論，最後也會毀滅人自身與關係。

一些性創傷案主，像莎拉，她覺得胸部有一塊冰山，性教練能幫助並修通她的性擔心。其他的人則需要轉介給治療師（如果你就是治療師，那就順勢爲之）。你幫助她們解決根深柢固的情緒議題。就如同任何因深層情緒痛苦或複雜心理原因而呈現性擔心的案主一樣，你需要轉介至外面的資源以處理她不同的需求。

原因

女性性創傷的原因與男性的原因相同。

處理之道

參閱男性性創傷可能的解決方法。假如你覺得案主對你的指導沒有回應，讓本能引導你且改變方向。此案主類型可能是你最大的挑戰。

記下深度歷史。假如你知道或懷疑你正在治療有性創傷的案主，記下冗長的歷史，尤其如果她的議題是根深柢固的話。過去她是否因此擔心而尋求治療或諮商？盡你可能了解她過去是如何因應性創傷。她可能已經採取了你準備建議的步驟。有一次我開始挖掘有可怕性創傷背景案主的性歷史，她只告訴我她已經做了幾年治療，不需要花更多的時間談論此事。我馬上就了解了！

幫助她面對真相。假如案主不願意面對她遭受性虐待影響的眞相，你的性教練工作是無法進行的。試著讓她承認並接納性創傷事件以及對她的影響。假如她不願意，要堅持她必須在某個時間點上向你或向其他治療師承認並接納創傷事件。要了解，一些性創傷案主並不是因其過去而留下疤痕或受重創。以性創傷如何影響案主爲基礎來與案主工作，並且幫助今日的她們快速前進。

找到支持團體。我通常會堅持性創傷案主找一個同儕支持團體，可以是十二步驟方案或其他團體，女性強暴中心或危機諮商服務、地區心理衛生機構或家庭計畫中心等都有資源可用。

選議她寫日誌。在我所有與女性的工作中，包括團體、線上課程和個人性教練，我告訴她們，達到她們的性目標是一段旅程，不是一個事件。這個過程（通常包含療癒，尤其是對於性創傷案主的個案）值得記錄下來。一個女人可以經由日誌觀察到自己的進步。

一些女性喜愛將性旅程每天寫下的想法，有些人則覺得緊張，「我沒有時間」或者「我討厭寫字」成了理由。盡你所能讓不願寫字的案主，至少在她的性療癒日誌中每天寫下一個感覺或想法。寫日誌能幫助她接納、原諒，最後愛她自己——以及生活中其他人。當她能夠愛自己，就能與其他人分享愛與親密。寫日誌的習慣通常是她再度感到性的突破——或者第一次感覺到性，不論是單獨或與伴侶一起。加把勁促成！

做愉悅的擁護者。鼓勵案主去感覺身體的感官與性愉悅。我通常會建議女性洗個泡沫澡、請伴侶或專業按摩師以溫熱精油幫她按摩、修腳指甲、穿毛茸茸的拖鞋或買絲質睡衣。鼓勵她去做任何可能引發愉悅的感官感覺之事——這會幫助她重拾她的性。即使撫摸她的貓或輕刷狗毛都能讓她接觸到感官愉悅。詳讀《感官按摩愚人指南大全》，處處都是強化感官愉悅方法。

而且，當然，當她準備好時允許她盡可能以各種方式自慰。

來找你解決疑難雜症的男、女案主可能會教你大為吃驚。振作起來。如同一個偉大的諮商教授曾說過：「治療歷程的50%是看得見的。」身爲性教練，我們不是治療師，我們的工作是有治療性的（therapeutic）——別忘記這點。除了你袋子裡的幾個玩具或籃子裡的把戲，你的個人表現——陪伴案主，成爲他／她精神支柱的能力——能幫助他們療癒。

搞懂它！

舉出三種女性最常見的性擔心：

1.

2.

3.

描述上述三種之一，你能夠治療案主的兩件事情。

1.

2.

你自本章所獲得的最宏觀的洞察是？身為性教練的你如何受益？

【第九章】

伴侶／夫妻常見的性擔心與處理之道

接受伴侶案主，對性教練而言是三方挑戰：也就是兩位伴侶，以及關係本身。伴侶案主通常有多重的擔心，但一開始時他們會說「『我們』有一個性問題」。在性教練個人時，你很少會看到僅僅爲了一個擔心而來尋求幫助的人；通常在他們開始抱怨之後，複雜的各種性擔心就會慢慢浮現。這情形在伴侶身上亦然，且通常更甚。在伴侶的權力動力中，有一個獨特的扭轉力，使得教練工作不僅是整理出個人的多重擔心而已。通常，伴侶之一會說他或他的伴侶有性問題，但這個評量很有可能是不正確的。你必須在第一次晤談時就找出他們的權力動力，也得讓他們立刻描繪出兩人性關係中到底發生了什麼或缺乏了什麼。

聽取他們的性歷史並決定結果目標後，你得先辨認哪些擔心是屬於哪一位伴侶，才去建構行動計畫、開始教練歷程。我通常從聯合晤談開始，然後爲兩位伴侶安排個人晤談。我堅定地相信，個人晤談時段是成功地教練伴侶的關鍵。這段私下的時間，是給伴侶個人注意力的唯一時間，能夠給他們一個空間來告訴你他或她的眞相，在你與他們之間建立投契的關係。你不能與伴侶之一討論你跟另一位伴侶的晤談內容，但透過個人晤談，你將更了解兩位案主及他們間的關係，讓你能夠透過他們的困難來教練他們。

小心祕密

當你教練一對伴侶時，小心不要掉入保守祕密的陷阱！往往，伴侶之一會告訴你一個祕密，堅持你不能洩漏給對方。然而，這祕密是促使這對伴侶來找你的多重擔心的關鍵部分。如果你答應了，你就落入陷阱：你既不能洩密，也無法幫助他們。

例如，在我與一對伴侶的初談時段中，我與丈夫進行個人晤談。他告訴我他有外遇，我鼓勵他告訴妻子眞相（或者讓我來告訴她），但他堅持不肯讓眞相曝光。我就這樣深深陷入他的欺騙網中，我已經知道他婚姻中性行爲的重要資訊，但他頑固地拒絕讓太太知道他爲何避免與她有性接觸，這破壞了我與他的工作關係，也阻礙了他與妻子的親密關係。

我告訴他我無法再進行這段伴侶教練，並轉介他至我所認識的一位教練處，他有資格處理丈夫居心不良的方式及堅不吐實的議題。但是我繼續教練妻子，試圖賦權予她的性，並提供她慰藉的支持基礎。

經過此事後，我發誓在伴侶教練工作中，再也不爲案主保守祕密。「不要告訴我對於教練歷程重要的資訊，卻又要求我保守祕密」。現在，我在私下晤談時段一開始，就如此告訴伴侶案主們。

你的伴侶案主可能會說的第一件事

大部分案主會如此呈現他們的問題：「我們倆在臥房裡缺少了……」，他們堅持他們的性少了某些東西。這些欠缺的東西可以列成一張長長的清單：

- 完全缺乏性的時間
- 缺乏前戲
- 缺乏女性潤滑
- 缺乏性興趣
- 缺乏自忙碌的一天轉換至有性心情的時間
- 缺乏碰觸
- 缺乏溝通

● 缺乏磋商技巧或溝通能力來處理性的妥協

在案主們聚焦於缺乏時，你要能對背後隱藏的訊息很敏感。或許，他們對伴侶也有許多在臥室之外的抱怨。你要幫助他們改變想法，讓他們從專注於自己所欠缺的，轉變到看見自己所擁有的——教導他們心懷感激，讓他們的感受力更爲豐盛。假如你讓伴侶案主看見，他們的關係如一杯半滿的水，而非半空的水，他們走向正向結果的機會就大爲增加。

八種常見的伴侶之擔心

八種伴侶最常見的性擔心是：

● 關係中很少性或無性
● 觸碰嫌惡或錯置的碰觸溝通
● 有關性慾／不均衡性慾之衝突（UD）
● 有關一夫一妻制／婚外戀情的價值觀之衝突
● 操作技巧缺乏（PSD）
● 身體形象議題（BI）

● 溝通型態衝突（CS）
● 磋商技巧缺乏（NSD）

擔心一　關係中很少或無性

在性教練及性與伴侶治療中，這是最常見的一種抱怨。無性關係成了現代現象，許多書籍討論這個主題，報章雜誌上有許多相關的文章，各地喜劇演員喜歡開這類玩笑。

人們常把關係中的衝突怪罪於無性的關係，但「無性」這問題也可能是其他性問題所造成的。請參閱在第七及第八章中提到的性擔心，其實早洩、性壓抑、碰觸嫌惡或甚至低性慾，都有可能降低性興趣，使得性事逐漸遠離，變成遙遠的記憶。

原因

由於這擔心極爲常見，你應該詳加研究。你會發現造成無性關係的可能原因，可以列成一張長長的表——實際上任何事都能將伴侶推進無性的關係。

壓抑的或未表達的情緒，過去或現在。深埋的怒氣和怨恨終究會扼殺性慾。

低或降低的荷爾蒙量。女性動情激素偏低，會使性很痛苦。男性與女性的低睪丸酮也會降低性驅力。

服藥的副作用。這些醫藥可能包括高血壓用藥，以及前幾章中已討論過的抗鬱劑等。

老化。老化會阻礙性功能，尤其是男性。勃起功能障礙是超過三千萬男性面臨的問題。當人們逐漸老化，所有的事情都緩慢下來，逐漸乾枯而下垂。

關係議題。通常是些看來與性不相關的微妙原因，包括金錢、對孩子的教養意見不同、對伴侶的生涯和收入不滿意，或者對伴侶的體能失望。持續不斷的權力爭鬥令人失去性慾。

冷淡。未把性（或性吸引力）放在優先，通常會導致很少或沒有性的關係。

身體殘障。倘若一個人不能移動身軀、四肢、有慢性疼痛（例如下半背疼痛，最常見的醫學抱怨），或有慢性疾病（例如臨床憂鬱或糖尿病），或許會失掉性興趣。

沒時間沒精力。雙生涯家庭越來越多，小孩的事情忙不完，而夫妻也夾在成長中子女的需求與年長父母的需求之間——今日誰是不忙碌的呢？

更多相關資訊

我每天都會在 iVillage 網站，收到苦於無性關係的女性寄來的電子郵件（有時也有男性）。統計數字顯示，所有已婚夫妻中約有20％是處於無性狀態。再加上很少做愛的已婚夫妻，處於無性關係中的同居未婚伴侶，你可以看見一個畫面：在美國人的臥房中你可以製冰塊了！

我會給 iVillage 的讀者這些忠告：你可以快速做愛、分享感官碰觸（爲他們自己找尋愉悅，即使只是一個泡沫澡）、探索性的遊樂場地、閱讀情慾書籍（像我的書，《她在法國的探險》〔The Adventures of Her in France〕），或是盡可能及早尋求性教練或諮商。

處理之道

做醫藥轉介。你必須排除導致壓抑性慾、洩精和高潮擔心，以及其他議題的醫學問題。協助案主決定使用哪種安全又有效的荷爾蒙替代治療，包括比較自然的選擇，以及替代抗鬱劑的療法，包括運動。某些疾病必須採用的治療或用藥，會干擾性慾及性功能。你的挑戰就是要幫助案主在他們的限制中找出引發情慾的方式。

檢視關係，必要時可轉介。很多伴侶／夫妻不了解即使是很小的事情，如某事拖延很久沒討論，也會反過來影響性生活。沒表達出來的情感憋在心裡，會變得更令人煩惱。找出他們沒有告訴對方的話語，幫助他們不要訴諸嚴厲的控訴指責，而要清楚地溝通。

還有哪些事情阻擾伴侶們無法在性方面連結？假如他們有些議題，如金錢問題、小孩教養爭執或姻親衝突，你可能要轉介他們至專精於處理衝突解決的伴侶諮商師處。若是根深柢固、尚未處理的忿怒，則需要治療（therapy）。

鼓勵伴侶們辨識他們所有的關係議題，並於需要時求助。

建議個人的及相互的自慰，及感官碰觸。有時候一個完美的高潮，對在受苦的人而言是特效藥。建議他們單獨自慰，或者並肩一起各自自慰。提供刺激情慾的各種推薦。互相自慰（mutual masturbation）可以啓動原慾。

感官的碰觸可以是性疼痛及痛苦的來源，但也可以支持親密連結。再次提供推薦，包括《感官按摩的愚人指南大全》一書。有些伴侶發現將性逐漸放回關係中並不難，有如初學者學游泳——從跳水板躍下之前，先用腳趾探探淺水處吧。「無壓力、無性交」的碰觸，通常會引發始料未及的火熱性愛。

堅持逐漸老化的案主「多多使用」。當你的案主步入中年，「使用它，否則便失去它」（use it or lose it）這句老生常談，是有眞正意義的，每過一年，越能感受它的眞義。如同身體其他肌肉，性肌肉可以靠運動來保持活力，可以有所行動。成千上萬的男女都因爲性的萎縮，而導致操作問題。

規畫做愛的日子（sex dates）。我告訴案主他們必須將性（分享的感官碰觸）優先放進忙碌的行事曆中。如果他們沒有將性記在記事本裡，很多人不會有性！建議在中午用餐時間或星期天下午，很快的做一個有品質的愛。當時間與精力不足時，請參考卡羅芭莎荷（Carole Pasahow）的《性感的邂逅》（*Sexy Encounters*），這本書充滿了火熱性愛的主意。

鼓勵伴侶探討他們自己的狂野面。當然不是每一對伴侶都想去性俱樂部或是裸體海灘，去體驗綑綁、情慾鞭韃或其他冒險性的遊戲——但也有些人願意。與案主一起瀏覽你的資源清單，並提供建議。甚至觀賞春宮電影或一起去高級脫衣舞俱樂部，也能使伴侶再度對性感到興奮。

不要接受「我不能」這個答案。伴侶們至少一星期要有一次的感官接觸或性事。沒有任何藉口。

擔心二　觸碰嫌惡或錯置的碰觸溝通

每當因無性關係而來求助的伴侶承認他們不碰觸彼此時，我總是感到驚訝。一方會說，「我們從來不碰觸對方。」而另一方則毫無表情地點頭。也許他們的碰觸像朋友一樣，而非情人。他們會互相擁抱，迅速親一下，或偶爾熱情地在背上拍一拍。也有伴侶之一認爲他清楚送出了熱情碰觸的信號，但另一半卻解讀爲性的壓力。反之亦然。經由碰觸所得的訊息如果錯置了，會讓伴侶產生混淆或衝突。

原因

在性教練工作中，這種性擔心越來越普遍。一旦碰觸在伴侶之間消失，兩人就會一起避免碰觸，這會成爲模式。有時這是一面紅旗，顯示出兩人有討論親密議題的需求。

他們已經太熟了。他會說：「她是我最好的朋友。」有時他們之間的連結不像伴侶，比較像手足或好友。

他們已停止所有的碰觸。任何性質的伴侶都有可能停止碰觸的習慣。不論他們是太專注於每天的例行事務或小孩身上，這些伴侶已經失去經由碰觸而建立關連的原始方式。

他們害怕碰觸後面的意圖。我發現許多案主害怕被碰，因爲他們不知道伴侶以碰觸傳達什麼訊息。許多人對於接收到的碰觸訊息感到混淆，或者很煩惱到底該如何用碰觸來傳送訊息給伴侶而不會被誤解。

例如，一個男人回到家裡，很累很有壓力。妻子以充滿感情的碰觸來迎接他，他卻把她的動作解讀爲性的邀請——他疲倦不堪的心所能想到的最後一件事。另一個例子是，當一個女人爲了照顧嬰兒而筋疲力竭，或滿腦子只能想著明天的期末考時，她可能避免伴侶的所有碰觸，害怕那是性的要求。不去接收他關心的、溫柔的、甚至放鬆肌肉的碰觸與愛撫，她反而將之推開。他眞正的意思是，「甜心，我太愛你了，而且我了解你現在的狀況」，但是她不肯接受他的碰觸訊息。於是他就會停止那麼碰觸她，這一點也不令人驚訝。

他們已經停止帶有激情的碰觸。重燃激情對這些伴侶／夫妻而言是困難的，但卻是必做的功課。他們必須要轉變碰觸彼此的方式，從好朋友或手足的模式到滾熱的碰觸。

伴侶一方有虐待的歷史，而碰觸引發了嫌惡。對某些形態的碰觸嫌惡，尤其是性的碰觸，可以是過去虐待或屈服於錯誤性行爲的一個徵候。

碰觸座標

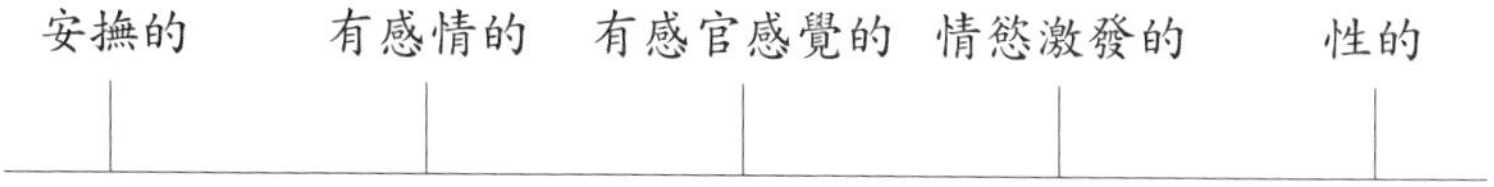

安撫的	有感情的	有感官感覺的	情慾激發的	性的

碰觸的五個層次

處理之道

你可以帶領這些案主進入密集的教練。以下的模式能幫助你將案主移至較高層次的碰觸。

教他們「碰觸座標」模式（the Touch Continuum model）。「碰觸座標」（見上圖）排出五種不同形態的碰觸。

幫助伴侶使用「碰觸座標」來辨識每一個碰觸行爲背後的意圖。教導案主討論他們想要哪種類型的碰觸，以及要如何不透過語言來溝通他們的需要及慾念。在背上輕拍一下以感謝幫忙洗碗，或在臂部掐一把表示情慾興趣，都足夠顯出意圖。一旦伴侶能夠承認並接納兩人之間存在著了解彼此意圖的鴻溝，他們就會開始更常碰觸彼此。

學習順利傳達各種碰觸訊息，伴侶便可以輕鬆地自座標左邊移到座標的右邊；在左邊，雷達銀幕上是沒有性的，而在右邊，兩人都充滿性慾。以「碰觸座標」來教練，是幫助伴侶們重拾碰觸，再度成爲有性的一個重要步驟。

內幕故事：回復到碰觸

瑪莉莎是嫌惡碰觸的一個經典個案。我為她及她的失敗關係感到非常悲傷。她對親密的恐懼創造了一堵她及治療師都無法拆毀的牆。我建議她與伴侶複習碰觸座標，然後練習辨識五個碰觸層次中每一層次的意向。之前，當她的伴侶熱情地伸出手時，瑪莉莎會拒絕，認為這是對性的要求。一旦他們澄清了對這些手勢的誤解，兩人便重新學會了如何經由身體與對方說話。突然間情況在家裡有了改善。最後瑪莉莎並不覺得她是「總是被要求」，她和愛人變得更親密了，也很享受以性愛來將彼此緊緊連結。

教導他們手愛撫。我最喜歡的非威脅感的碰觸活動之一，即爲手的愛撫，是我最早在IASHS就讀博士班時學到的。這是幫助伴侶再度建立親密連結的一種關愛的碰觸，不需要過度的性——當然，除非兩人都裸著身子。

手愛撫的做法是：伴侶輪流爲對方做至少十至二十分鐘有感官感覺的手愛撫。可以使用精油、乳液或溫暖的液體，由她先塗在伴侶的手上，摩擦、輕壓並溫柔地拉著伴侶的手，表達關愛的意念（你可以在心裡想：「我在乎你」或「我愛你」），然後互換角色。

手愛撫的付出與接受是在無聲中進行。有時候，純粹的意圖在靜默中比較容易被感覺到。某些伴侶會害怕經由碰觸付出愛。這種單純的動作會激發他們關於親密或承諾的恐懼。對還無法定下來的新愛侶，和習慣於避免碰觸的多年伴侶，它都很有啓動力。給他們「如果……怎麼辦」這類問題的回應，讓案主離開你的工作室回家做手愛撫時，仍感覺得到你的教練。幫助他們對意料之外的結果有心理準備，如「如果在手愛撫時他勃起了怎麼辦？」

轉介伴侶／夫妻去治療（therapy）。在某些情況中，外送治療是必須的。如同其他所有的擔心，倘若伴侶似乎陷入根深柢固的情緒衝突中（尤其在教練時段一再出現情緒爆發），在你進行下一步性教練之前，判斷是否先轉介給治療師。或者運用你自己的治療性技術（therapeutic）來跟案主討論情緒障礙方面的議題。

擔心三　有關性慾／不均衡性慾的衝突

不均衡的性慾（UD），是伴侶案主最容易被診斷的抱怨之一。令伴侶不斷爭執性頻率的潛在原因，可能是性慾不平衡或不同調，一方是「不夠」，另一方卻「太多了」。最後結果就是沒有性生活。你通常會在聯合教練時段中發現此種障礙。

每一對伴侶都有其親密行爲的模式。比起其他擔心，有性慾不均衡擔心的親密模式，最能正確地預測伴侶在性方面連結的意願及能力。他們說出對彼此的感覺是有多親密或多疏遠？他們如何一起行動？

要知道伴侶如何連結，亦即他們親密的模式，最好的方法是傾聽他們的話語、細究他們的歷史，然後找出可能的原因。經過一次又一次的評量，你會越來越熟練、越來越有技巧。

原因

性慾不均衡的原因，從荷爾蒙因素到日常的關係衝突都有可能。即使不良的溝通或磋商技巧，也會影響伴侶之一的性慾。不健康的親密模式（將於隨後討論）經常是造成一方低性慾，另一方較高性慾的最重大原因。一個人如何處理親密關係，可以看出他如何處理長程關係中情慾的吸引。

處理之道

一如性慾不均衡的原因不易判斷，要如何處理它也很不簡單。如果你懷疑是醫學或荷爾蒙的問題，轉介給專科醫師。如果是關係中的問題，如未處理的怒氣或權力動力，超乎性教練的技術層面，則轉介給治療師或合格的伴侶諮商師。不過，你也有可能會發現，教導溝通練習或磋商技巧就可以解決這個議題。

辨識親密模式。對某些伴侶而言，他們的親密模式是導致性慾不均衡的原因。我在實務中發展了一個「三種模式」的理論，應用於案主身上。在合適的時間點，我會與伴侶們（或伴侶之一，他的另一半從不曾出現）分享他們是屬於哪種模式。我會用手勢及手寫的圖表來說明，兩人關係中親密模式是如何運作。

三種親密模式如下：

●S：窒息或過渡融合的（以兩個重疊的圓圈顯示，兩個圓幾乎完全重疊，各自只留下極小的空間）。例子：他想要更多的性。他越堅持要有性，她就越不想要。此種S模式通常被描述爲融合、合併或者互相依賴，一方覺得自己爲了另一方的需求，犧牲了己方的需求。那極小的空間令人呼吸困難，僅留下一點點建立性慾的餘裕。

●D：距離太遠或過度分離的（以兩個僅稍稍重疊、或根本沒重疊的圓圈顯示）。例子：她希望他們能有更多的性，但他總是太忙碌，不是在辦公室工作到很晚、帶工作回家做，就是去旅行。她則忙碌於自己的工作、孩子、家務及社交生活。他們是經典的「沒時間做愛」伴侶。她有活躍的幻想生活且頻繁地自慰。他則壓抑他的性慾望。

●B：平衡、整合與完整的（以兩個自在地重疊的圓圈顯示，在一起時與分開生活時均保有空間）。例子：這對伴侶以豐富的個人生活來平衡其強烈的親密連結。但他們可能不會如伴侶之一想要的那麼頻繁做愛。從好的方面來想，他們會坦然討論也願意磋商，如何撥出更多時間給性。這是健康的模式。

內幕故事：小紅車

貝絲和陶德來找我時，說他們陷在雙方不平衡的性慾中，已經到了絕望的地步。他越追逐她，她就越感到壓力，也就越不想讓他贏。他們甚少做愛，最後他停止懇求做愛。她說她是「太忙而無法去想性這回事」。

初談時，我起先認為他們是一對D couple，但是我很快地發現他們是B couple，他們的擔心是不均衡的慾望，但我認為首要之務並非去改變他們親密的模式。他覺得被忽視——且他需要抒發與此有關的怒氣與挫折，他說「她對小孩、家庭和她的朋友都很有感情，但卻對我一點也沒有」。

他說完後，兩人都同意自小孩和工作的要求中撥出成人的時間。我鼓勵他們，在傳送有性意味的線索給彼此時要有花招。他們在一次教練時段中創造了以下的信號：

他們的跑車（大部分時間都鎖在車庫中）有個綽號，叫作「小紅車」。她說「這輛車讓我們兩個都覺得很性感。」他點頭同意。「我們第一次約會時，就開著車走很遠，而且到黎明才回家」。後來他留了一張甜蜜的紙條在貝絲的枕頭下，要求她坐小紅車一起出去兜風，當作他的信號。有時候他只是潦草的寫著「LRC?」（Little Red Car）在廚房或起居室的便利貼本子上，以博得她的注意。她也開始使用同樣的方法來給他性線索。過了一個月，他們說車子的里程數增加了許多。兩人臉上的笑容比他們的語言更強烈地告訴我，這對伴侶已經找到一個可以解決他們特殊擔心的方式。

幫助你的案主找到方法來給性慾打信號，而不需要給對方加諸壓力。重新框架性，讓它成為充滿樂趣的機會，而不是關係的責任，這能讓有改變需求的伴侶案主準備就緒。

擔心四　有關一夫一妻／婚外情的衝突價值觀

婚外情的善後工作，是性教練與案主有挑戰性的任務之一。時間、寬恕及一點點遺忘，能讓伴侶在婚外情善後時渡過背叛、失望及信任所帶來的失落。

婚外情是很普遍的。來源不同的話，統計結果會有很大差別。部分調查及研究顯示所有已婚夫妻中婚外情的比例只有20％，但有的則顯示高達50％。遲早——或許非常快——你在性教練工作中將會處理到婚外情。

婚外情對每對伴侶的影響都不同。一對夫妻可能會向你訴說他們對搖搖欲墜的婚姻有多麼心碎，而另外一對夫妻卻只把婚外情當作兩人關係時間軸中的一件小事。對於某些伴侶而言，婚外情是一個提醒的鈴聲，引導夫妻重新去看待及討論被疏忽的親密關係。

婚外情沒有任何冠冕堂皇的理由，它破壞了婚姻或承諾的關係連結，那些理由其實只是一長串的藉口而已。我絕對贊成夫妻遵守正直與信任的協定。如果出軌對這對夫妻來說已經難以避免，那麼欺騙另一半的理由要多少有多少。

內幕故事：圈套或以牙還牙

奧莉維雅來尋求幫助時憤怒又絕望，兩週前，丈夫喬治背叛了她。我們的教練工作持續兩年，起初定期晤談，後來就零星地談。對我而言，這段婚外情是個錯誤，而她必須寬恕，因為要讓婚姻持續，他們有兩個年幼的孩子。喬治是個好丈夫，儘管我曾透過奧莉維雅邀請他，但他從沒有來晤談過。她了解到別無選擇，只有繼續與他在一起，而「忍氣吞聲」。「我想有一天我會讓這件事情了結。」她晤談時一邊擦眼淚一邊說。

喬治繼續尋求奧莉維雅的寬恕。經由她努力療癒情緒傷痛，寬恕終於發生了。然而在我們性教練的歷程中途，奧莉維雅有了外遇。她告訴我，她和丈夫的性太僵化、次數太少而且一成不變，而她一直渴望要感覺更多性愉悅。在婚姻之外找到愉悅，對她而言是唯一的選擇。那可能是一部分原因——其他則是純粹報復。

當她衝口而出有婚外情時，她咯咯地笑著說：「這很公平」。我不認為以牙還牙是療癒的好方法，但我總是支持案主在找到療癒的轉捩點之前，可以遊走在各種選擇的途徑上。有些案主會感覺到你的批判而隱藏真相。給奧莉維雅一個安全而非批判的空間讓她說故事，讓她走過喬治婚外情復原的歷程，這很重要。最後，她停止與外遇對象來往。

當我問她為何不再繼續婚外情，她回答：「我已經看到亮光了，兩個錯不等於一個對」。最後，她和與她結婚的男人及兩個女兒的父親言歸於好了。

原因

幾乎每件事情都會引發迷失的衝動。不論被引誘的人是否衝動行事，這衝動本身是正常的。通常自認爲太有道德而不能在婚姻外有性的伴侶，如果有情緒上的出軌，對婚姻的傷害會比純粹的性遊戲來得更致命。而在光譜的另一端，某些伴侶以外遇來報復另一半的外遇（見第十二章交換伴侶）。

越來越多的伴侶，對一夫一妻制抱持著不同的價值觀。人們當初爲何會出軌，理由實在不一而足。以下是常見原因的清單：

在家缺乏滿意的性或沒有性。當家裡沒有性，它就可能成爲向外發展的理由。

對男子氣概或女性魅力沒有安全感。夫妻通常陳述，婚外情是肯定自己的性認同、男性氣概與女性魅力的一種方式。

權力動力。有時候一對夫妻是陷在一種權力鬥爭中。一位伴侶可能覺得有需要在主要關係之外表達她的權力，以致於造成婚外情。

錯置的怒氣。在關係中經常會發生，當伴侶之一生氣或怨恨時，以與他人發生性行爲來將情緒外化（**act it out**）。

外化。另一個外化形式的可能性是，伴侶之一的青少年期被剝奪，或從未有過青少年期。中年危機時的婚外情，通常是此種型態的延遲之青少年反應。

情緒不成熟。情緒方面發展不全的人，比較可能被婚外情的世界所引誘。

天真。有時候一個人只是對婚外情的引誘無知，或在特殊的狀況下做了一個差勁的選擇，例如當他去貿易展出差或受不了職場中的性誘惑。

飲酒或嗑藥的影響。娛樂性的嗑藥和社交性的飲酒，會阻礙判斷力——就是這樣。因爲酒醉或嗑藥而發生婚外情，當然不是明智的決定。

真實的愛。例如某案主是奉父母之命或奉兒女之命而結婚，夫婦之間可能從來就沒有眞正的愛情，以致夫婦之一可能與別人陷入眞愛。這是有可能的。無論如何，健康的關係需要劃清界線與恪守界線。然而，有時候婚外情會導致離婚，甚至再婚。

真正的中年危機。就如同眞愛情境，案主可能正處於眞正的中年危機，有時候這會成爲開上婚外情高速公路的入口。

處理之道

與你的案主一起進入婚外情的根底。一定要討論到婚外情對婚姻關係及家庭生活的震撼影響，當然也要談到寬恕以及重新回到信任連結的選擇。

以非批判及支持的方式傾聽。不加批評的傾聽。當婚外情曝光之後，性教練要成爲伴侶雙方一個非批判而具支持性的力量。

幫助案主重新框架語言。不要形容未出軌的一方爲「受害者」。相反地，要使用像「克服婚外情」之類的話語。

促成寬恕。幫助未出軌的伴侶去體驗在克服背叛或信任喪失時的力量，向他們解釋雙方都需要寬恕自己及對方。

幫助案主看到選擇性。參閱第八章的三門技巧（the Three Doors technique）。他們有三個選擇，他們想要做什麼？

做一個現實檢視者。詢問案主一些尖銳的問題：這會是一個永久持續的婚外情嗎？在造成婚外情的原因中，案主扮演什麼樣的角色？在婚外情之後案主的期待是什麼？告訴他們你預測大概需要多久時間，婚姻關係才會恢復正常，包括問他們「有可能『再正常』嗎？」

幫助重建信任。必須重建伴侶間的信任，因爲這是持續親密關係的基礎，除非他們選擇要離婚。你得一再提醒案主，信任是需要時間及值得信賴的行爲來建立的。我把外遇過後的夫妻比喻成出軌的列車。一開始，婚外情的曝光就像火車出軌，接著他們必須將車廂弄回軌道。重建他們的愛情列車需要意願、時間、努力、技巧和耐心——還有愛。

給真實的意見。性教練通常觀察、提供意見並給予忠告。面對婚外情這樣熱門的主題，案主們可能比其他案主更需要你的教導。你可以分享你的洞察，例如說，「這似乎是一個愚蠢的錯誤」或「這段婚外情是背叛模式的一部分。」不論你說什麼，確定你是在幫助案主往前看，而非往後看。如果你察覺有酒精或藥物濫用，要說出來並建議他們治療方案。

幫助被冤枉的案主避免去報復。報復性的性行爲是以牙還牙之舉。對許多人來說，想要平衡關係時，很自然地第一就是選擇報復。你要幫助伴侶們避免陷入這個窠臼。

幫助他們將家庭損傷減至最低。恐慌、憤怒和不信任，將會自婚姻關係中滲入家庭系統。建議他們降低損傷的方式，如在吃飯時避免冷嘲熱諷，允許彼此的熱情碰觸，或者要對自己逃避的本能感到警覺，自家庭中撥些時間給自己以避免情緒痛苦。

幫助他們看見真相。幫助兩位案主探討以下的面向：是否曾忽略什麼樣的警訊，或是顯示這段外遇是不可原諒的線索？婚外情是否為背叛者終生模式的一部分？這段婚外情只是逢場作戲，還是關係死亡或損傷的無可彌補的徵候？假如這段婚外情是要離開婚姻的閃爍警示燈，請你輔導案主至最安全的出口。

擔心五　操作技巧缺乏

不要小看情慾技巧的重要性。一方伴侶操作技巧缺乏（PSD）可能造成關係破裂。無法達到高潮或滿足另一半，通常是操作技巧缺乏的標記。操作技巧缺乏通常會出現在初談表格「目前性擔心」以及「長期有困難的性模式」的欄位裡。如果在初談表格中沒有揭露，你或許會在第一次教練時段中聽到。

原因

操作技巧缺乏的原因似乎相當明顯，但有時也有隱藏的理由，例如未揭露的疾病、未表達的恐懼、案主根本沒有性經驗，或甚至出於偷情事件的羞慚感。

性的無知。案主可能只是不知道如何取悅伴侶。對案主來說，在接受你的教練之前，女性性反應或男性性反應到底是怎麼發生的，一直是個謎。

無經驗。有些人事先沒有任何經驗，就進入了短期或長期性關係。不懂何時該做什麼、該說什麼，很明顯地是操作技巧缺乏的一個原因。

懶惰。有些人天生懶惰！他們一直覺得做起來很累，或者他們只是期待別人來取悅自己。

掩飾憤怒或怨恨。有時候積壓的憤怒會轉成怨恨，而被誤解為缺乏技巧。事實上，心懷怨恨的伴侶是不願意付出的。

處理之道

操作技巧缺乏的解決方法，往往是性教練的核心——教導案主技巧，幫助他們的溝通朝向性實踐的關係模式。

幫助他們辨識操作技巧缺乏的真正原因。參閱第七章及第八章男性及女性之擔心。**若有必要，鼓勵醫學介入**。同樣地，參閱第七章及第八章個人性操作擔心之醫學原因及治療。

架起溝通鴻溝之橋梁。在性教練時段中幫助伴侶們學習溝通技巧。

教導技術。使用自助書籍、錄影帶與DVD來教育案主性技術，包括使用性玩具。

拒絕懶惰的藉口。讓案主知道懶惰是一點都不吸引人的。告訴他們主動和付出才能夠挽救婚姻。

驅走憤怒的暗流。如果你確認元凶是憤怒或積壓的怨恨，幫助伴侶去解決他們的怒氣衝突，使用「情書歷程」或其他的降低憤怒技巧。

內幕故事：有尖突指甲的男人

如果裘西拒絕她丈夫的性要求，她丈夫就會變得很暴力。我努力要他到我的工作室來，但沒成功。其實能夠說服裘西搭一個半鐘頭的火車來工作室找我，已經很不容易了。「我很怕他，」裘西啜泣著，「我從來沒有過高潮。」我開始對她做高潮導向的教練。

她丈夫傑諾米是個工作很辛苦的建築工人，她對婚姻的最初描述是，傑諾米真的很愛她與小孩。但裘西說，有一天晚上丈夫衝口而說出，她以無法達到高潮來回應他的愛，是在蠶蝕他的男子氣概。那次她也不經意地說出：「真希望能叫他不要用尖銳的指甲傷害我的私處。」

「什麼？」聽到這個新的揭露，我幾乎高興得尖叫。原來他最喜歡的前戲是用手碰觸，但他都會抓破她的陰部，包括內陰唇。很顯然地他不經意地抓破她私處的皮膚，就如她所說的那樣，關閉了她產生愉悅的感官之門。我讓她把這條虛線連起來：尖銳的指甲就等於沒有高潮。裘西那天帶著一個新的遊戲計畫離開我的工作室。

當天晚上在他們安頓好小孩睡覺之後，她修剪丈夫的指甲並以銼刀磨平。後來她就有了高潮。兩週之後，她停止預約我的教練。

再怎麼強調這一點也不為過：性教練工作靠的是你對細節的留心。性教練就像做偵探，你要找出造成擔心的關鍵線索。我問裘西她丈夫的手指在她陰唇上的感覺，引發她以剪指甲這個簡單的動作來改變她的性生活。簡單的答案和小小的奇蹟，能夠造成你案主生活的巨大改變。

擔心六　身體形象議題

伴侶們就像個人一樣，也有身體形象議題（BI）。我曾經教練過一些案主，他們從來就無法在對方面前坦盪裸裎，或無法開燈做愛。有時候是因爲羞慚，但有時候身體形象的擔心是隨著體重增加、車禍造成的疤痕、醫學狀況或治療而出現。伴侶之一的外表可能有巨大改變，到了另一半無法適應的地步。如此極端的情況會於下一章中討論，尤其是懷孕、產後以及自嚴重疾病或手術後的恢復。

即使小如剖腹生產的刀疤或隆胸所造成的疤痕，都會引發身體形象的議題。自我厭惡會在他人心中創造負面回應，包括性伴侶。性感是從個人內在發出的感覺。有身體形象議題的人，會投射負面感覺在伴侶身上，因爲她不覺得自己是性感的。

有些個案中伴侶們述說其他的抱怨，但其實隱藏在背後的真正擔心是身體形象，卻沒有表達出來。必須在討論其他議題前就先處理它。例如，臉上坑坑洞洞疤痕、出生時的缺陷、嚴重的體重增加或性器官大小的議題等，都需要在處理其他性問題之前就先提出討論。

原因

參閱第七章及第八章有關身體形象的部分。

處理之道

身體形象議題可以行動來解決。實驗看看下列的活動。

觀鏡活動（The Mirror Activity）。參閱第八章的觀鏡活動。在身體教練時段中，你可以口頭向伴侶們解釋或示範。

使用教學工具。推薦呈現人們在性的情況中，不同尺寸及身體形態的錄影帶及DVD。請案主大聲說出他們對自己身體的感覺。在伴侶晤談時段中要求兩位案主說出對自己身體的喜惡及優缺點。負面感覺經常在他們分享之後就消散了。

協助他們去處理可處理的部分。例如，若案主很在意體重，引導案主到合適的體育館、健康俱樂部或推薦他減重方案——且協助案主下決心去做。此時你要扮演生活教練，幫助案主設計和維持運動及其他方案。

鼓勵自我賦權技術。我經常讓案主帶小卡片或講義當成回家作業，可鼓勵自我對話及肯定。有時候我教他們在機器或電腦上錄下自己的聲音，讓他們當自己的教練，去幫助自己。

去除其迷思。使用逼真的男性和女性生殖器模型及其他圖像，來展示性解剖學。讓伴侶們從雜誌裡剪下理想中的身體形象或類型的圖片，貼在剪貼簿上，記錄自己朝向理想身體形象的進展。然而對自身目標有現實感是很重要的，現實和目標不能落差太大，尤其假如案主比較年輕或是極端的A型人格。

鼓勵團隊方法。建議這對伴侶以團隊方式克服身體形象擔心（他的或她的）。如果伴侶之間有連結，這方法可以增強他們的親密連結。

注意親密逃避的徵候。對於有些伴侶而言，身體議題——如她覺得自己太胖，他認爲他的陰莖太小——是一個小心翼翼建構的親密障礙。倘若你認爲隱藏在身體形象之後的是逃避親密的議題，你可能必須轉介案主給治療師（或將你的工作自教練轉向治療。）

指出兩人間認知的差距。其實大部分在意身體形象案主的伴侶，對伴侶的身體有不同觀點。例如，她可能認爲先生討厭她的身體，因爲她太胖，但其實他根本不覺得。自我心像與伴侶觀點之間的差距有可能是無性關係的重要導因。

進行伴侶繪畫活動（the Partner Drawings activity）。這是我最喜歡的教練活動之一，用於有身體形象擔心的伴侶身上尤其適當。組合材料包括：

- 海報紙或白色空白紙（有質感的較佳，非影印紙張）。

- 各種繪畫用紙張器具，包括粉蠟筆、鉛筆、畫圖筆、墨水及橡皮擦等。
- 膠水條、剪刀，如果你想要花俏一點，也可選用釦子、緞帶及羽毛等。

讓伴侶案主坐在桌旁，將材料則陳列在他們面前。讓他們有很大的空間可以繪畫。先給他們三十分鐘畫圖，然後再用三十分鐘來討論——剛好是一個性教練的時段。

告訴伴侶案主這些話：「畫兩幅圖，一個畫你自己，一個畫你伴侶。畫得好不好不重要，圖畫表現了什麼才重要。不必畫得多完美多複雜，不過你可以用桌上這些小東西來裝飾你的圖畫。好好玩！時間快到時我會告訴你們。」

這對伴侶畫完之後，按照以下步驟來處理：

- 讓伴侶之一描述畫自己的圖，然後描述畫對方的圖，同時也將兩張圖畫面向你及對方。
- 然後請另一位做同樣的事。
- 接著，你要催化他們對於圖畫的討論，協助他們找出相似處及差異處。幫助這對伴侶看到並討論，他們對自己及對方對自己的印象的落差在哪。在你引導之下，案主們或許會釋懷、會悲傷、興高采烈或恍然大悟。一些我曾教練過的伴侶／夫妻終於弄懂了阻隔兩人的關鍵，然後做了正向改變。例如，伴侶之一可能會說，「我看到一張美麗的臉，苗條的身體，美麗的胸部，滑嫩的皮膚和開心的笑容。這就是我老婆！」而在描述自己的圖畫時卻說，「這就是我，我這裡太胖，鼻子可能需要整型，看到沒？」

藉著他們的圖畫，引導出眞心話。你可以指出案主們隱藏在口語背後的某事或某物。

這是一個揭露的活動！

擔心七　溝通形態衝突

在A & E電視台的傳記節目（Biography）中，費爾麥格樓博士（Dr. Phil McGraw）曾說過，女性每天使用五千個詞彙，男生則使用一千五百個詞彙。這些數據支持了約翰・葛瑞的理論，他發現男人在有情緒衝擊時往肚子裡吞忍，女性卻抓起電話猛講。伴侶之間的溝通形態（CS）可以是決定他們在性方面發生了什麼事的重要因素。在協助伴侶改善溝通技巧時，你可以教導他們如何說出自己所想要的、所需要的及感覺的，以及他們無法再容忍的事情。

在第二章中我討論到神經語言程式（NLP），及每一個人使用來詮釋自己世界的三種模式：視覺、聽覺或動覺。面對有衝突溝通形式的伴侶時，找出主導的模式，你將替他們在黑暗中點上明燈。她說：「他都聽不進去」，而他抱怨：「我一回家她就嘮叨個不停。」不同的溝通方法使得伴侶減少了性愛，或停止以他們想要的方式達到性愛。

伴侶溝通衝突通常是因不夠留心或缺乏能力而引起。影響溝通形態、導致夫妻連結的能力崩解，是有許多因素的。

原因

如果說有任何事使得本來感情不錯的夫妻性關係停擺，原因就在於無溝通能力。原因有很多種，差勁的聆聽技巧則居首位。

內幕故事：現在你能聽到我嗎？

弗來德與瑪拉在成長過程受過良好教育。他們知道他們有性方面的障礙，因為他們無法良好溝通。儘管他們說話流利、口齒清晰，我立刻看到他們的模式。弗來德會重複瑪拉說的每一句話，然後她就變為沉默。我們以使用一個「談話指揮棒」（talking stick）歷程來工作，使他能夠傾聽並允許她覺得有被聽到。只是將他重複她的話的方式，改為意譯她的訊息，這非常有幫助。他先前機械式的重複話語，使得她感覺他沒有真正在聽。將她的話語以他自己的話說出來，讓她覺得有被聽到。他們一旦了解溝通模式正在阻礙彼此間的流動，情緒堆積越多，他們開始重新學習如何聽和說。經過三次密集的晤談，他們說話、聆聽、重複訊息、感覺被聽到、覺得被了解，承認並接納訊息的練習打開了他們深藏內心的愛的感覺。

調整弗來德與瑪拉的溝通歷程，恢復了他們關係的基礎，當然一旦溝通阻礙被除掉，愛就能夠表達，性也就可以重新開始。

差勁或不恰當的聆聽技巧。雖說聆聽是一種藝術，不過，你還是可以訓練案主更懂得聆聽，例如當伴侶在說話時不要講話，或鼓勵他聽伴侶說話時肯定地點頭。一個不擅長聆聽的人，往往沒聽到對方眞正在說甚麼，或在要點表達完全之前就停止對話。錯誤解讀所聽到的訊息，可能造成重大的負面影響。在進行重要對話時分心，是伴侶／夫妻絕對要避免的事。不知道到底要如何表達想法或感覺，是溝通形態（CS）擔心最常見的元凶。

重要談話的壞時機。利用兩件事中間的短暫片刻談重要的事情，而分心之事又太多，是溝通形態障礙常見的一個原因。

情緒爆發／情緒汙染。在生氣時而非甜蜜時講的話、責怪、抱怨等等，均會污染溝通。**聚焦於問題而非解決方式**。伴侶經常在談論不順利的事時陷入泥淖，或總是談些一成不變的應做事項，而不談別的。

物質濫用。飲酒或服用藥物阻礙了判斷力與下決定的能力，導致未經過審愼思考的溝通，傷害就發生了。懼怕溝通，經常是以濫用酒精、藥物或食物來僞裝。

處理之道

對於此類型的案主，有許多行動你可以在自己的實務中進行。家庭作業在這種擔心的解決過程中，扮演重要的角色。

轉介出去。你可能會決定，以治療議題來處理這對伴侶的溝通擔心是最好的方法。溝通形態可能是更深的親密議題的示警紅旗、惡化的怨恨，或過去歷史（例如，出身功能失調家庭的「受傷孩子」）。

推薦進階教育。送他們去參加治療訓練、專題課程或工作坊，或建議自助書籍、錄音帶或DVD等。

教導技巧。依溝通形態擔心的原因教導或建議以下事項：

- 聆聽技巧，如維持眼神接觸、不講話時要聽伴侶說、回應所聽到的、承認並接納正向言語及花同等的時間說話而不是打斷對方。
- 富趣味性的紙條溝通，像貼便利貼在冰箱上，上面寫著，「我要你的身體！」；「八點在我們的床上見？」；或「親愛的，我愛你。」
- 每週或每月的溝通會議。我經常告訴案主要安排定期會議，以確定他們的關係進展順利。在建議時，他們就拿出記事本來討論日期。
- 禁酒或戒藥，讓他們有辦法談話。不可藥物濫用！要求他們處理這個問題，否則停止性教練直到問題得到處理。
- 在家的私人教練時段，沒有小孩、寵物、呼叫器或手機干擾。幫助他們辨識如何將分心降至最低，並將夫妻的成人時間及獨處時間盡可能延長。
- 設定可接受的溝通的健康界線，如禁止冷嘲熱諷，而這正是我自己家裡的規定。

● 注意到即將來臨的情緒地震（emotional earthquake）的警告信號。幫助他們發展一個停止此模式的機制，如暫時分開十分鐘或改變話題至天氣、運動或電影。頻繁或強烈的情緒爆發可能需要治療。

擔心八　磋商協調技巧缺乏

缺乏磋商協調技巧（NSD）的伴侶／夫妻不知道如何去磋商協調他們的性需求。他們在專業生涯中可能是高明的談判者，且甚至在個人生活的其他領域中也是，但卻無法運用那些技巧於臥房中。磋商協調是能夠提升他們性生活的單一技巧。寡言少語的原因每對伴侶不同。

原因

磋商協調的技巧與溝通技巧息息相關。磋商協調技巧缺乏的原因，很多是從過去的羞慚或不自在演變而來的。

對性的言語不自在。談論性不自在，會變成滿意性生活的阻礙。例如向伴侶要求你想付出或得到某類性行爲時，或使用情慾語言時。

一個有愛心的伴侶應該知道如何取悅對方的信念。認爲性伴侶即使在多年婚姻後，依然能讀你的心或身的這種想法，是個迷思。一對夫妻可能需要被教練爲對伴侶不抱期待。

對於承認需求與慾望感到窘迫。一些伴侶無法使用坦白的性語言去要求自己想要的，因爲這令他們感覺太窘。其他人可能不覺得應該要求自己想要的性愉悅。我發現案主總是無法承認他們的需求。

無能力連結性模式至生活中其他層面。伴侶／夫妻可能無法連將他們在臥房內的言行連結至其他生活層面中。無法辨識彼此性關係的模式——如缺乏妥協或過度要求的期待——這可能反映出全面性的關係動力。

處理之道

以下建議可幫助伴侶／夫妻去解決性事衝突，例如他們各自想要的或不想要的。教導伴侶可一起進行的各種活動，這不但可改善他們的性連繫，而且也可改善整體生活。

紅黃綠燈練習（The Red／Yellow／Green Light exercise）。我曾成功地使用一個普通的練習，紅黃綠燈練習，於這些伴侶身上。這方法可教導伴侶如何將他們的性想要（sexual wants）、不喜歡及未表達的性慾變得明顯。這是個很不錯的設定性界線的活動。

每一位伴侶準備一張表格，表格有三欄，頂端的格子內有紅黃綠燈。提供每人一張性活動的清單給他考慮，或要求他們寫下自己的清單。然後讓他們在紅燈欄中塡他們不會做或不准做的活動，在黃燈欄中塡他們會謹愼考慮的活動，在綠燈欄中塡他們會做或想要做的活動。

例如，雙方伴侶可以在綠燈欄中列出接吻、性交和電話的性，但是伴侶之一在紅燈欄中塡上肛交，而另一位卻將此列於黃燈欄內。或者伴侶之一可能將婚外性關係歸類於紅燈欄內，而另一位伴侶卻將之放在黃燈欄內。鼓勵伴侶留著這張單子做爲評估他們性演變進步的一種方式。經過一段時間，一些伴侶發現一度在黃燈區的性活動已經自在地移到綠燈區。這練習能幫助他們發展信心去探索，甚至在他們完成性教練之後依然繼續。

解釋所謂的五個磋商面向，幫助伴侶在此五面向內辨識他們的弱點並提供改善建議。在這五面向中，伴侶需要有磋商有動力的性關係的恰當技巧。

- 要求（非硬性要求亦非乞求）你所想要／需要的。在我臨床經驗中，女性比男性更不易要求她們想要的，這也許是她們比男性陳述更多的性不滿足的部分原因。假如一對伴侶（或伴侶之一）說不出或表達不出來，就無法得到他們需要的和想要的。你可以教他們使用非語言溝通，例如她把他的手往下拉放在她的性器官上。建議她在自慰時注意自己的性反應週期，使她能夠傳達自己的需求，例如她用雙手按在他的臀部上，以得到較深入較快的衝刺。指定他們互相自慰爲回家作業，如此他們可以看到另一方的需求，而逐漸激發且達到高潮。
- 設定現實的期待。引導你的案主離開充斥於媒體的完美身體及速成火熱的性圖像，轉向現實世界。幫助他們達到可以實現的性目標。對四十歲以上的人而言，期望自己能夠在性愛方面一切順利沒有操作問題（且沒有服藥），不是一個有現實感的目標。週末一天做三次愛，以他們的生活方式而言可能不易達到。幫助他們了解哪些是眞正可能的，以及哪些看起來好像是可能的。

● 走出你的自在區域之外。賦權予伴侶去冒險。他們的風險可能是情緒的（第一次說「我愛你」），身體的（女對男口交，男對女口交），或奧祕的（在性結合時探討譚崔詠唱）。例如嘗試「講髒話」（dirty talk）是一個讓夫妻探索新領域的經典方式。更有冒險精神的伴侶可以去參加交換聚會（swinging party），或者探索S&M的輕度形式。對其他人而言，開燈做愛可能就是個劇烈的改變。任何將伴侶帶到他們自在區域之外的事情，就是個好行動！

● 克服權力鬥爭。下一章將討論在 S&M 中的三個要素。「一般的」（regular）伴侶能自S&M或B&D（綑綁和調教，bondage and discipline）學到不少。權力動力總是存在於所有關係中。這些動力在教養小孩、金錢、宗教價值、當然還有性等議題中起作用。我發現有嚴重權力動力議題的伴侶容易有無性婚姻，其中之一或雙方使用性保留的權力，作為權力的籌碼。你可能需要花一些時間去了解動力如何運作。問他們在生活中其他部分是如何處理權力衝突的，如財務、假期計畫、裝潢房子、選擇一輛車——及最後，性生活。只要知道他們如何選擇一家餐廳或一場電影，就可以找到線索去了解他們如何處理權力。幫助他們看到他們的模式，並建議修正模式的方式。

● 妥協。性妥協真的是一種藝術。讓雙方都快樂，需要技巧，就像一場芭蕾舞表演一樣高超的技巧。我們都想要用自己的方式，不是嗎？我教練伴侶們視他們的關係爲一個法人公司，要爲整體的利益來做決定，而不是只單獨爲其中一人。讓一對伴侶專注在「我們」而不是「我」和「你」，是成功的、持續的關係之關鍵，尤其假如他們有放棄控制的緊張與不安全感。談判技巧缺乏的伴侶，可以學習如何以藝術性的妥協來挽救他們的關係。

內幕故事：拍攝情色照片

珍妮和雷蒙是我的伴侶案主，他們向自在區域之外移動而獲益良多。他們沒有小孩，三十出頭，雙方都很重視工作的發展，且令我印象深刻的是他們想要改變的意願與勇氣。「在僅僅兩年的婚姻之後，性變成遙遠的記憶，」他們開玩笑地說，但他們的故事讓我覺得悲傷。兩個如此有魅力、活力充沛的人，怎麼會變得沒有性生活呢？

我在珍妮的初談歷史與評量中偵查到一些線索，包括壓抑的家庭背景，和她天主教的教養中根深柢固的強烈性罪惡感。她透露她害怕變成壞女孩。珍妮帶著這些態度的包袱進入婚姻。雷蒙以為婚姻可以解放她，但並沒有。他只好在深夜太太睡著時，對著藏在浴室內的春宮雜誌自慰，來撫平挫折。經過兩週精心教練後，兩人並無多大進展，於是我建議了一個自助錄影帶課程來啟發性活動。這建議讓她走出自己的自在區域，進入了他的懷抱。然後我說：

「我有一個想法。你們準備好了嗎？」

「當然，我們準備好了，」他們兩個都帶著微笑，有一點緊張。

「珍妮，要不要來拍一些情色照片？我知道有個最適合的攝影師。」

他們同意了。我知道有一個做此種攝影的可愛男人。更重要的是，我知道他溫暖隨和的個性可以減輕她的疑慮與不安。果然成功了！她穿著連身性感內衣（甚至更少）擺姿勢。「雷蒙在屏風後面注視著我（一邊流口水，他事後報告）」，她陳述。「我好高興他有注意！」她說。珍妮在隨後的晤談時段給我看那些照片，對她自己新發現的頑皮個性頗為自得。雷蒙笑著加上一句：「我們的性生活著火了！」

感謝他們願意一起嘗試，感謝她努力跨越自在區域的舊有界限，他們獲得了成功的機會。我因此而喜愛他們。

與伴侶案主的性教練是深層且強烈的。伴侶面臨的議題的複雜性，能將你帶進你和個人案主不會觸及的領域中。提醒你自己，你是實際上與三個案主在工作——兩位伴侶及關係本身。伴侶教練，可以是你最有挫折感或最有酬償的性教練工作。

搞懂它！

列舉至少三種性擔心及你會如何討論它們：

1.

2.

3.

本章何種擔心對你而言似乎最有挑戰性？你為何認為它是？寫下有關你對此擔心的抗拒或害怕，以及你能做什麼來克服它們：

【第十章】

男同性戀、女同性戀、雙性戀及跨性別案主

常見的擔心與處理之道

你不能只是掛出一個性教練的招牌，就打算吸引 GLBT（Gays, Lesbians, Bisexuals & Transgender，即男同性戀、女同性戀、雙性戀及跨性別）案主。本章將給你你所需要的洞察，來討論這群特殊人口。許多 GLBT 案主會向 GLBT 同儕尋求性（或其他）教練或治療。而有些人則會了解到，無論你的性導向或性認同爲何，你會貢獻你所有的特殊才能，去符合他們的需求——相較於非 GLBT 案主，獨特又相似的需求。

可能的案主之範圍

在此，我要先澄清「性導向」與「性或性別認同」的區別。性導向分類爲：異性戀

（straight）、男同性戀（gay）、女同性戀（lesbian）及雙性戀（bisexual）。許多人在一生的過程中性導向會轉變。變性者（Transsexual, TS）一詞有時錯誤地與性導向混爲一談。一個眞正的跨性別者面對的是與性或性別認同有關的議題，而非導向議題。

同性戀／異性戀／雙性戀

同性吸引是青少年的一個發展階段。許多年輕人們與同性有性方面的體驗，卻不是同性戀。有些人可能有延續一生的雙性導向。還有其他人可能一生中只從事與同性伴侶的性。以下是測量性導向的一些方式。

金賽量表（Kinsey Scale）

金賽量表（一九四八／一九九八）將人的性導向從純粹同性戀（6分）與純粹異性戀（0分）分爲七級。量表的一端是0分，即爲純粹異性戀；另一端是6分，爲純粹同性戀。很少人落在這兩點上。當我們在性方面成長時，可能在生命中的不同時間點，落在量表的不同地方。但大多數人確實都有屬於自己的那一點。

克萊恩量表（Klein Scale）

克萊恩量表因加上測量因素，而將此觀念提升到另一層次，如，我們如何在性方面辨識自己、社交伴侶的選擇，以及與不同性導向人群的社會連結的自我描述層次（Klein, Sepckoff,

& Watt, 1985）。克萊恩亦在被兩性吸引及眞正與兩性有性交會兩者間做區別。例如，我們在與某一性別做愛時，可能會去幻想另一性別。這會形成一種更流動性的性導向認同。

我們文化中的假設是，全人口中的10％爲男／女同性戀者，另有10％則爲雙性戀者。是事實還是迷思？無人知曉。端視你對同性戀的定義——偶爾或專一的同性交會或吸引或自我認同——數據大有不同。在芝加哥大學NHSLS研究中（Laumann, Gagon, Michael, & Michael, 1994），金賽量表所謂的10％人口中，女性同性吸引爲4.4％，而男性則爲6.3％。有一天我們或許會發現性導向是太過流動而無法被測量，也無法以一種既定的方式測量。

跨性別者光譜：異性裝扮者（Transvestites）至變性者（Transsexuals）

性別認同發生於一連續座標上。一邊是異性戀穿另一性別服裝者（其中90％爲已婚男性）及同性戀男扮女裝者（drag queens），後者可能會是你最有趣的案主。

雖然異性裝扮者（transvestites, TV）一詞是保留給穿戴女性衣著的男性，有些女性亦會穿戴異性衣著，在公共場所打扮成男性出現。

座標的另一端爲變性者（transsexuals, TS），生來爲男性，變性成爲女性（男變女，MTF），以及生來爲女性，變性成爲男性（女變男，FTM）。目前的流行語則使用跨性別者（transgender, TG）一詞，來討論完全的性別光譜。

變性者（TS）可能在手術前或手術後的階段服用荷爾蒙並接受諮商。在異性裝扮者與變性者這兩個極端之間，有著廣泛的性認同的範圍。你可能會碰到——雖然很稀少——一個陰陽人（intersexed person）或具有兩性器官者（hermaphrodite）。他們具有模稜兩可的性器官或性的身體構造，有的則有兩種性別的性功能。在某些美洲原住民文化中，跨性別者是被尊崇為「兩種心靈的（two spirited）」，且往往被視為部落的療癒者。

性教練 GLBT 案主

身為性教練，你會遇到處於不同階段的性導向與認同發展的案主。有些人可能對於他們的導向與認同感到混淆。有些人會否認——對自己、家庭或朋友。有些案主可能在轉換階段，自一種認同轉至另一種認同。而有些人則對他們的性導向與認同感到自在與確定。

你案主所處的導向與認同發展之階段，在你的性教練計畫中會扮演重要角色。例如，一位異性戀扮異裝的男人只是要求你的允許去縱情於他女性化的一面（如同第一章中的查理）。一對長期關係的女同性戀伴侶，對她們的性導向感到自在，但正為許多異性伴侶也會面對的性關心所苦惱——例如，不均衡的慾望或身體形象議題。一位手術前的變性案主，可能會尋求你的幫助，去了解手術將如何影響他或她的性功能及性操作。就如同對待所有的案主一樣，你必須要與案主共同策畫，創造出性教練計畫。

男同性戀、女同性戀及雙性戀案主

與GLB案主一起工作，及跟異性戀案主工作兩者最大的區別在於，要處理來自外在的附加議題。因爲異性戀在美國文化中盛行，某些人往往因爲性導向及性認同而承受社會污名、偏見，甚至暴力的仇恨行動。隨之而來的恐同症（homophobia）——外在與內在的——可能會成爲GLB案主們生活中的一片烏雲，即使他們當前並未受到影響。你的性導向行動計畫將會跟教練異性戀案主一樣，但另需對GLB的性的社會及政治擔心有更多的敏感性。

常見的擔心包括：

- 質疑性導向與認同
- 企圖克服與恐同症（外在或內在的）、社會汙名、或個人羞慚有關之議題
- 想要認識一位GLB伴侶
- 有與第七章及第八章中提到的，所有男性／女性相同的擔心
- 面臨來自伴侶與另一位或更多位同性伴侶從事性行爲的壓力

處理之道

性教練你的GLB案主，跟你對所有案主的性教練並無二致。但以下是你也需提供的額外

事項。

將案主自他／她的恐懼及其他有傷害性的情緒中重新引導方向。致力於協助案主重新框架他們性導向／認同的負向自我對話或輕蔑的對話。教育他們以充滿創意的策略戰勝恐同症，如政治行動、支持團體，或甚至轉換能量的藝術方案等。

打擊標籤汙名。異性戀（straight），女同志T（butch）或同性戀（queer）等字眼若被輕蔑地使用，當然不會出現在性教練的詞彙中。身爲性教練，你工作的一部分即是幫助男同性戀／女同性戀／雙性戀案主在其性導向中找到安身點，並遠離標籤汙名。這對於雙性戀者尤其重要，他們可能覺得自己錯置——無法完全歸屬男同性戀／女同性戀或異性戀的社群。

幫助你的案主在異性戀與同性戀之間做真實（且非批判性的）的區隔。我們都是在追尋較佳的性，更快樂的關係及正向自我感。差別在於性的型態與技巧。例如，兩位女性的性愛可能與一男一女做愛的方式不同。倘若你以邏輯思考，你會很快地學到要如何幫非異性戀案主在性行爲與個人選擇中達到更多的愉悅。

偏離雙性探索的壓力。你可能必須扮演主動角色，去揭開案主（或伴侶）想探索雙性戀慾望的眞相。提醒你的案主，幻想並不等於現實。提供一個安全的避風港來討論，突破障礙邀請另一個人上床，到底有何利與弊。永遠要設定健康的界線，並贊成案主的自我接納。

提供資源。你得了解社區的資源，且當你無法幫助案主時，一定要轉介出去。在你的案主資源名册中加上社交及認識性伴侶的有效選擇，包括線上GLB約會服務。

做一個支持者。在政治掌控的氛圍中，案主可能尋求你的協助，去因應他們的恐懼、罪惡感、憤怒或想要採取政治行動的慾望。確認你自己的政治立場。堅定立場，擁護你信仰的權利，尤其是支持你案主所需求的權利。

跨性別案主

你可能會碰到的最大挑戰——或許是最有酬償性的——就是跨性別（TG）案主。爲什麼呢？因爲你不但在處理性教練的議題，你也在重視並討論一個人認同的核心。你可能成爲他們唯一的曙光，當他們正在形塑自己要如何被世界認識時。沒有比這更深遠的了。我曾經與我的跨性別案主建立持續性的連結，儘管我也與其他形態的案主也有親近的連結，但那種感覺非筆墨可以形容。它是一種深遠的個人化感覺。你與跨性別案主工作的絕對複雜性及多面向，將會對你及他們有長遠的影響。

跨性別案主的評量歷程非常複雜。處理跨性別的擔心的選擇有很多種，但一般而言，教練過程是冗長而複雜的。除非你有受過特別訓練，請勿試著扮演爲變性人準備的轉變教練（Transition Coach）的角色。

你要使用跨性別者初談及評量表格（附錄C可做爲指引）。當你使用所有的資料時，你可以依據自己的教練方法或基於現行的治療、法律和改變中的社會常模來重新建立風格。評量包括平常的事實，但也要挖掘比你教練其他案主時更深入的歷史，尤其當你選擇要做轉變教練時。我總是把心力放在對變性（TS）案主有更全面化的說明——例如，社會、醫學、性方面、職業、法律及靈性的議題，以及任何看起來與他們的變性旅程有關的事。

決定一個人是否眞的要變性，對案主及你而言都是一個挑戰。探討眞正的性別認同是一個特殊歷程，就如同我曾說過的，需要密集訓練、時間及經驗。你會碰到很擔心自己眞的想變性的案主。你的角色是幫助他們分辨迷思與事實，引導他們去解決他們的擔心。藍道成爲我的案主已有一年之久，他以他所謂的「黑暗祕密」的故事，溫暖了我的心。

更多相關資訊

我曾有機會與薇拉小姐一起工作。她經營一家學校，專爲想變成女孩的男孩所設立，稱爲曼哈坦跨性別學院附設薇拉小姐學校（the Manhattan cross-dressing academy Miss Vera's School for Boys Who Want to Be Grils）。她學校之校訓即爲「找尋女性」！（Cherchez La Femme）。她和教師教導男性學生（大多數爲異性戀者）如何像一個眞正的女性般穿著、走路、談吐、整髮及化妝。

有個關於跨性別者的笑話是這麼說的：如果身爲女人，她看起來太棒而不眞實，她可能就是太棒而不眞實！扮異裝者或變性人經常過度女性化，大多數平常女孩不會呈現那種形象——太費事了！

內幕故事：藍道，自助洗衣間的小偷

藍道擔心他可能真的想變成另一個性別。他會小心翼翼地從自助洗衣間的洗衣機中拉出別人忘了帶走的胸罩，然後回家拿著胸罩自慰。「這表示我想要穿女性的內衣褲嗎？」他問道。當我告訴他，「根本就不是，藍道。」他幾乎哭出來，如釋重負地嘆了一口氣。但是他並不信服。

他說話的時候，緊張地拉扯毛衣，並把頭轉開。「但是佩蒂博士，我就是用女生的胸罩來自慰啊！這不是表示我想變成另一個性別嗎？」

「你的行為是性的戀物癖。」我回答。「胸罩是所戀之物，一個會引發你性慾的物件。過去幾年來，我教練過不少真正的變性者，而我就是不覺得你是其中之一。你能相信我嗎？」

經過幾次教練時段，他開始接納自己是個有戀物癖的男人，且放開他的羞慚與恐懼。捨棄聚焦於性別認同的性教練工作，我們致力於讓他回到社交約會。後來他終於找到一個美妙的性伴侶！

在光譜的另一端傑得／歐樂拉，一個眞正的男兒身女兒心（MTF）變性者，他經由我在變性者社區的工作找到我，並嚇了我一跳，因爲他的突然改變。

內幕故事：女孩般的女孩，傑得／歐樂拉

傑得，我最早的幾位跨性別案主之一，第一次來晤談時穿著中性，藏起了馬尾而且沒化妝。一個漂亮但蠟黃的男孩，他顯然是在尋求允許。第二次晤談時，歐樂拉出現了。她完全女性化，頭髮鬈曲，妝容精緻，穿著超迷你短裙，小腿光滑無毛，腳踏露趾涼鞋，而且走路扭怩作態。

我先讓傑得／歐樂拉接受一般的整組關鍵性評量問題：她真的需要變性嗎？在轉變開始前舊有性別的生活需要改變嗎？目前的支持系統有發揮嗎？她是以舊的還是新的性別在工作？必須填寫何種文件？（有博士學位的專家批准信及特殊訓練是必需的——而且仍被建議——對一個接受荷爾蒙／外科手術之性改變及認同改變的變性人而言，此外還包括駕照及護照。）傑得／歐樂拉很顯然是真正想要變性，但是面對許多該做的事情及社交問題，他毫無支持系統。缺乏良好的支持系統，大多數跨性別者會崩潰凋萎。我們討論她與家庭的衝突，她激進的外表，包括裝腔作勢、衣著，甚至她的飲食方式。最後，她終於進入一個支持系統——以女性身分獲得一份工作，及與其他轉變中的變性人有良好的社交脈絡，而且她越來越容光煥發。大多數想變性的人，需要與同儕一起以因應這段歷程中的巨大緊張。在她來找我做轉變性教練的這段期間，她是一個很棒又討人喜歡的學生。我會永遠記得她的馬尾巴及超迷你裙！

常見的擔心

純爲性教練來找你的（非轉變教練）跨性別案主有七項基本理由尋求幫助：

- 性別認同衝突／混淆對家人及愛侶（們）的影響。
- 擔心約會——在新的或舊有的性別認同中。
- 操作議題。一個很常見的問題：手術後的變性者會有高潮嗎？
- 身體改變擔心——包括擔心只是短暫地成爲另一性別。
- 圍繞在新的性導向認同之情緒混亂。
- 心理困惑——如何進入新性別的生活方式的各種擔心。
- 社交孤單——沒有社交技巧或不敢揭露新性別認同，或對此感到羞慚。

有一位我一直很喜歡的變性者案主，有好幾年盡全力地接受性教練——自需要轉變教練至約會須知，對自己新身體的種種擔心，對其眞實性別認同的混淆與懷疑，以及身爲一個全新男性他無時無刻面對的社交挑戰。他的故事與你以後會遇到的變性者都不同，這位女兒身男兒心的變性者（FTM）本身就是很獨特的人。

內幕故事：勞利這個有趣的傢伙

勞利是個真正的女兒身男兒心的變性者，如他所言，早就知道自己有「一個男性的腦筋」，儘管生為女性。他初次來晤談時就已經經歷過好幾位治療師了。他輕蔑地說，「他們都處理不當且令我受到創傷」。他進門時是中性打扮，看起來煩躁不安，不信任及充滿敵意。三個月後，因服了高劑量的睪丸酮，這個矮小的女人已變一個成長鬍鬚、有毛茸茸的手臂、低沉聲音及凹凸有致的肌肉男。令我驚訝的是他竟然來向我求助。（然而，坦白說，就如同與傑得／歐樂拉工作時，當時變性者只須拿到來自合格專業人士的信件即可獲得認同改變文件、荷爾蒙及外科手術）。經過數月，我學到如何化解他的抗拒，且逐漸贏得他的信任。我們真的有深沉的連結，多虧我對他真誠的關心，容忍他的敵意，並接受他是這樣的一個人。要搞定勞利真不容易！可能是我倆的幽默感混和在一起，使得我們不斷前進。他的機智與魅力總是帶來歡笑。我們定期晤談整整三年，然後以電話、電子郵件及偶爾的見面來繼續。

我最初的教練工作是重新引導他一再出現有關變性的罪惡感、恐懼及懷疑。在此兩人團隊中，我確認了他真正的變性人認同（TS identity），而當他有工作的擔心、藥物反應、荷爾蒙副作用時，我提供一個穩定的平台傾聽他，甚至在他下半身手術前後的那段時間與他在電話上談上幾小時。我陪他走了一段路——在他手術後送給他一個填充玩具，表現我對他的無條件接納，讓他表達他全部的正負面情緒，且當他分享想成為最棒的男性的一些問題時，能與他侃侃而談。他變性後約會不成功，且對性愛方面一再重複產生疑問，我們便決定將教練工作自變性轉向性教練。自從前的女同性戀者變成今天的唐璜（Don Juan）英雄，勞利什麼都想要——工作、愛情及身為男人的成功。約會及找到真愛（或僅是性）對於變性者而言可能是令人害怕的旅程。一直到今天，勞利還是寄振奮人心的電子郵件給我，而且了解我們之間的文字溝通總是開放的。

處理之道

當案主的需求演進時，你的角色可以轉換及改變。

鼓勵伴侶及／或家人公開討論。隱藏性別認同議題，會導致越形增加的困惑與混亂。成為家庭中雙方（或全體）或現存的關係的性教練，可以是你對於變裝／變性（TV／TS）案主的最大服務。別忘了要找出並轉介他們至恰當的變裝／變性（TV／TS）支持團體。

做一個容忍的傾聽者。你必須是一個讓他們能夠傾吐各種混淆感覺的無條件的容器。鼓勵他們自我接納。舉起雙手支持跨性別者的成功，不論他們只是一個週末的變裝，或決心要做完全的性改變。

幫助他們找到社區資源及社交出口。建議網頁、書籍、雜誌，以及能夠提供資訊之團體及個人，包括國際性別教育基金會（International Foundation for Gender Education, IFGE），美國性教育師、性諮商師及性治療師協會（American Association for Sex Educations, Counselors and Therapists, AASECT），此協會開設性別態度再評量課程（Gender Attitude Reassessment, GARS），組織協會（Tapestry），國際跨性別者組織（Cross-Dressers International, CDI）及其他。協助案主找到地方或全球性的擁護團體，包括跨性別者脅迫及哈利班澤明學會（The Transgender Menace and The Harry Benjamin society）。要有能力轉介案主給聲譽卓著的外科醫生、付得起的荷爾蒙治療、年度大會，以及資源，如性認同計畫（the Gender Identity project）和它有名的臨床系統。案主們亦可能需要你協助，在新的性別中找到約會及社交的出口。

致力於他們特殊的操作議題。你將必須處理許多不同的擔心，包括給予一個穿女裝的男性忠告，如何在性方面有所表現，強化一個女兒身男兒心的變性人（FTM）在手術前的陰蒂反應，幫助一個男兒身女兒心的變性人（MTF）克服他對陰莖的憎恨，諸如此類的。

幫助他們處理身體與情緒的調適。案主可能一會兒表現情緒混亂，問道，「我現在是誰呢？而誰又會來愛我呢？」一會兒可能又擔心外表容貌。想像一個原是女同志的女兒身男兒心變性人（FTM），現在想要以男性身分來與女性約會，並認同她自己爲異性戀，但是卻沒有陰莖。怎能不混淆？

幫助他們發展進入新性別的生活方式之計畫。要有針對他個人來設計——小到以新的性別第一次在餐館約會時是要用男廁還是女廁的細節，都要照顧到。確定別讓案主變得社交孤單。引領他們進入同儕支持團體及中性性別的社交活動。

教導跨性別案主的工作是豐富多樣的。當你引導這些特殊案主走在人生途徑中，你每次的教練時段必定也啓發你許多。記住，你是他們暴風雨中的避風港。你是否要選擇教練這類案主，是你自己要決定的——在於你的訓練、自在程度、自信與能力，你的個性以及你性教練實務的夢想。這些可能都是大多數溜冰者世界中的潛水者。要勇敢地潛入深處。

搞懂它！

1. 描述性別光譜，辨識兩極端。你如何不同地去處理這些案主？
2. 請列出你所獲得有關 GLB 教練工作的洞察。
3. 你需要具有何種特質（及額外的訓練），來成為能使變性人真的轉變其性別的性教練？

【第十一章】

懷孕與特殊醫學／臨床議題的擔心與處理之道

前面章節聚焦於男性、女性與伴侶們常見的性擔心，這都是一位性教練繁重的工作中將會面對的個案類型。然而，你也一定會遇到有特殊或非典型擔心的案主。本章及下一章即將呈現你可能面對的情況。這些案例將會是超過尋常情況的挑戰。它們需要更多的時間和能量。而你可能必須克服一些難以消除的偏見與個人的恐懼（比如與身陷極大痛楚的人、被毀容或外表有缺陷的人相處）。

另一方面，教練這些案主也可以是很有樂趣的，因爲可以發揮你的技巧、大顯身手，並擴大你對案主服務的定義。但警告在先，這些在你的業務中可是棘手的案子。盡你所能去做吧！

自懷孕到傷殘意外或疾病的種種身體擔心，會損害性功能或影響個人或伴侶／夫妻的性。本章的第一部分檢視懷孕的生理、心理以及情緒面向（包括生小孩、產後以及不孕），因爲它們與性功能及性慾有關連。本章第二部份討論臨床／醫學種種擔心的生理、心理及情緒面向（例如，乳癌、子宮切除術及慢性病痛），因爲它們與性功能及性慾有關。

懷孕

懷孕的擔心可區分爲四個基本分類：TTC（嘗試懷孕，trying to conceive）、預防懷孕、懷孕本身以及產後。治療圍繞在這些類別的複雜性擔心是相當困難的。你必需要有相關主題的最新事實資訊（或至少相關的有用知識），包括避孕、生殖治療，以及產後憂鬱症狀和治療。

最常見的抱怨有：沒有（或不常有）性、不滿意的性，及因其負面結果而害怕性（包括身體或情緒的痛苦）。有懷孕擔心的女性案主常會告訴你，她們就是對性嫌惡。

在懷孕期或產後，伴侶可能會把性生活看得不如其他生活方面優先。但不滿意的性生活可會對伴侶生活其他方面產生負面影響。性擔心會出現於嘗試懷孕的伴侶們（或單身女性）身上，也會發生於處理墮胎後創傷的個人中。

可能的案主之範圍

在你身爲性教練的工作中，你得準備面對下列類型的案主：

●夫妻或單身女性急於想要懷孕，我稱之爲TTC。
●夫妻或一位伴侶急於在產後重新恢復性生活。
●在過去數月內生產的女性，也許是她的第二胎，她已筋疲力盡，而她的伴侶有意快速啓動她的性慾，再有性生活。
●最近曾墮胎，並因這個抉擇而困擾不安的女性。罪惡感以及害怕再次懷孕使她關閉自己的性。

擔心一　嘗試懷孕

TTC伴侶們有年輕也有年長的，經濟富裕或貧困的，沒有小孩或已有小孩（有時是收養的）——但在最初的評量中，他們大都告訴你，他們的性問題與生育議題是連結的。男性覺得他們必須應要求而有所表現（而且如果他們不能夠的話，會非常痛苦）。男女雙方都說配合受孕時間的性愛剝奪了親密的行動、自發性以及樂趣。而一再嘗試受孕失敗所帶來的失望，使他們在接下來醫學建議的受孕時機更難有性或享受性。

處理之道

TTC個案需要你盡力的親切關懷。你也必須跟上最新的資訊，也要知道如何推動鼓勵，使其順遂。

表達同情並鼓勵耐心和了解。你的工作就是支持他們受孕的努力，同時也鼓勵他們降低其性期待，並透過親密愛撫、碰觸和接吻來獲得撫慰，雖然這些方法並不在他們的性方案中。

丹，快三十歲的溫和善良男人，當他來看我時，他對其TTC的婚姻感到壓力。我從未見過他的太太。

內幕故事：丹，TTC男性

「我有時真的受不了，」他說，聲音簡直像尖叫。「我們已經失去以前那很棒的性愛。我很著急擔心，想要讓她受孕，結果什麼事都還沒開始，我就失去勃起了。」他的手托著臉，幾乎絕望地哭起來。「我覺得我是一個失敗者，」他低聲說。

他那愛吹毛求疵的父親也很想抱孫子，這期望的重擔讓丹覺得被迫要成為完美的兒子。我請他去找泌尿科醫師解決他的勃起功能（那時是前威而鋼時期）。醫師建議使用陰莖注射，可以幫助解決勃起微弱。我則告訴他可以突破操作焦慮循環的幾個方式。我們花了三個教練時段幫他準備，包括告訴他父親，「不要逼我太緊！」丹覺得要使妻子受孕的壓力實在太大了，難怪會來尋求我的幫助。這趟性教練引導他走過了焦慮重擔的歷程，協助他成為父親。

擔心二　預防懷孕

通常來尋求預防懷孕忠告的案主為年輕夫婦或女性，單身或已婚都有。有些女性案主是離婚後或經歷一段長期的單身關係後才再度約會。有些伴侶在經歷避孕方法失敗後來找我協助。或者，有些新婚夫婦需要幫助，來評量其避孕方法及防範性傳染感染（STI）。有時候，伴侶之一對性感到嫌惡，通常是女性，源自不想要的懷孕、害怕懷孕、或是有性傳染感染的經驗。

處理之道

要有精確、與時俱進的避孕和性傳染感染預防的資訊。保持更新。有關避孕方法及STI的資訊經常在改變。以避孕丸為例，現今有非常多的形式，例如避孕貼。不過身為性教練，提供避孕專業並非你的主要功能。協助你的案主建立他自己的資源，包括醫生、診所及網路資源。

評量伴侶使用避孕術和STI保護的模式。他們是否因為害怕懷孕或疾病而避免有性？他們其中一方是否因相同原因，在有性時顯得緊張？

分析他們目前的關係模式。他們是否有多重性伴侶？如果是，建議他們將懷孕及性傳染感染風險降至最低的方法。

協助他們選擇最佳的避孕方法。提供他們有關藥丸、荷爾蒙植入、IUD（子宮內避孕器）、保險套、乳膏、凝膠、手術避孕及結紮等資訊。

贊成他們定期使用所選擇的避孕方法。如果他們有多重性伴侶，強調每一次都要使用保險套及殺精劑的重要性。一個好的性教練在這些議題上要站穩立場，同時了解到案主必須選擇適合他們獨特需求的產品。

在整個教練歷程中，檢視他們做得是否夠好。偶爾與他們通話（或寫電子郵件檢視），使其有心繼續，讓雙方伴侶知道你致力於他們的性擔心。

擔心三　懷孕

我時常收到顧慮懷孕期間有性的婦女的電子郵件。一個典型的抱怨就是：「我丈夫想要有性，而我不想，但我很怕他會去外面找。」我會安慰這些婦女，並讓她們知道這種情形再普遍不過。記住，「我是正常的嗎？」是許多案主真正想問的問題。

處理之道

改變的身體形象。她可能覺得自己不再有魅力或性感，變胖了，在鏡子中看起來圓滾滾且怪怪的。幫助她找回她的美麗。鼓勵她去做臉部美容，穿些有吸引力的衣服，做任何能讓她的外表感覺漂亮好看的事情。

低或無性慾。這是千眞萬確的，尤其在懷孕最初三個月受到害喜之苦，或是懷孕最後幾個月已經累垮了，因腹中胎兒而感到沉重，也擔心性事會傷害到胎兒，這讓許多婦女處在低或無性慾狀態。讓她接受自己身體狀況的現實。做一個安適現狀檢測，疲勞、生病和焦慮會讓她對性更不感興趣。

身體疼痛。許多婦女會全身痠痛，尤其是背部。引導她去找紓解疼痛的資源，例如瑜珈、物理治療、脊椎按摩或深層熱療推拿。

痛苦的或笨拙的性。當她的體型發生變化，這對伴侶可能需要使用不同的插入角度，並適應動作與姿勢。借她看錄影帶或是讓她去買自助書籍、DVD和其他有關技巧的工具。

低或無能量有性。許多婦女在懷孕期間全程都感覺很疲倦，但有些人卻是時斷時續地精力爆發。我的有氧運動老師在她懷第三胎期間，還繼續授課，節奏稍微緩慢卻仍然密集，直到她生小孩那一天！鼓勵你的案主去休息。有時候僅僅是得到你的接納和允許，去做更好的自我照顧，就能減緩她對缺乏能量的焦慮。

害怕傷害到正在發育的胎兒。有些婦女必須停止有性以避免流產。你可能會碰到這類案主，一定要詢問她，家庭醫生針對性活動給了什麼醫療指示，或是教練她去向醫生要求指示。

擔心四　產後

新手媽媽（和她的伴侶）或許會問：「我如何能恢復再感到（並且能做到）有性？」身爲一位性教練，你的工作就是要幫助她和伴侶找到回復滿意性生活的方式。

處理之道

身體形象議題。典型地，這些議題包括體重增加和肌肉鬆弛。幫助她設計出實用可行的飲食／運動方案，讓她恢復往日體態。

擔心插入式性愛會傷害她。（男人常懷疑：「她是否眞的體內都完全痊癒了？」）教練她去找出其他替代方式的性交，保持性的活躍。請她找產科／婦科醫生談話，詢問她何時可以恢復性活動。

沒有性慾，不論是荷爾蒙不平衡或筋疲力盡。鼓勵她的伴侶閱讀有關產後復原的資料，並幫助他能滋養和有耐心，直到她準備好再有性。建議她有獨處的時間休息和放鬆的方法。

沒辦法自嬰兒身上轉回到她的老公，而有時他也會。他們需要撥出一段伴侶時間，重新創造在小孩出生前他們共享的感覺。當他們的靠山，使他們承諾有「我們」的時間，且能經常放開一心爲母／父職的引力。

生產創傷。如果生產不順，或伴侶目睹太多生產細節，會遭受情緒創傷。如果你能將雙方請進你的工作室接受性教練工作，就可以減低其創傷程度，或轉介他們去做治療。

身體方面疼痛的性，可能是外陰切開術或剖腹產切口癒合所造成的。建議採用非插入式的性，並堅持要她把這些問題告知她的醫生。

內幕故事：莉莉和醫院禁忌

莉莉當她第二個小孩只有六個月大時來找我。「我可以有性了。」她說。「但我丈夫還沒準備好。」她想要知道她能做什麼可以讓他重新上機。「我好洩氣！」她說道。

聽取她的歷史時，我得知她曾做過一個緊急剖腹生產手術。她丈夫約翰曾目睹整個血淋淋、令人毛骨悚然的手術——從未想過會發生的事。他受創甚鉅，以至於他數月無法與她有性。

我單獨教練莉莉，是為了讓約翰去看另一位專家以處理此創傷。我們訂定一個行動方案，在方案中她要主動與約翰一星期二至三次有一些性接觸，就算他們僅僅偎依著摟抱或是輕輕地愛撫也可以。漸漸地，經過一段時間，他學會愉悅地與她的性生理再連結，然後他們再度擁有她極度渴望的親密感。他們在臥房內加裝一道鎖也幫助不少，這使得他們三歲大的小孩晚上無法跑進來。最後他們的關係痊癒了。

醫學／臨床擔心

今年有超過六十萬個婦女會做子宮切除手術，尤其是診斷出有嚴重出血症狀或子宮肌瘤患者，其中或許15％至20％的人是不需要的。在你的性教練實務中，你幾乎一定會見到幾位這類婦女和她們希望幻滅的伴侶。你也會看到最近動手術的案主有一直揮之不去的疼痛與僵硬，也有案主是慢性疼痛疾患（非性的），他們一般最常見的問題是下背部疼痛，當然還有有攝護腺問題的男性，以及因藥物治療造成負面性副作用的人們。甚至也有案主因為服用感冒藥或不需處方箋的鼻竇調劑等看似無害的產品，而造成性的當機。上述狀況及其他更多藥物不是壓抑了性慾，就是影響人們對慾望採取行動的能力。

你是一位性教練，並非醫生。然而，你必須對醫藥有足夠的知識，好提供案主所需。有時候你會自案主們身上學習到這些知識。案主常常是最好的老師！

處理之道

如同懷孕擔心，此類醫學／臨床問題的案主需要你給予最新資訊，並在他療癒時給予慰藉的陪伴。

在案主來到工作室之前，盡可能學習病況或疾病以及治療的典型過程。使用網路及當地圖書館的廣大資源來廣泛獲得醫藥知識，尤其如果你知道案主處方藥物的藥品製造公司。藥品公司的網頁可以提供你藥物資訊，包括副作用，並告訴你許多此種藥物適用的疾病或狀況。

針對你實務中最容易見到的狀況，去上課程和工作坊以習得專門的訓練。如果你看到一個趨勢，例如，迅速發展的臨床憂鬱症及外陰疼痛疾患，盡可能學習相關的狀況及醫藥如何影響性慾及功能。

如有必要，與案主目前的醫療提供者一起為更佳的照護而努力。獲得案主的允許，與他們的醫學團隊一起分享資訊。在醫療過程中你不會一直主動參與，但有需要時，你得準備好且願意去做。

傾聽並回應。當案主告訴你，「我所服的藥干擾了我的性功能（或影響性慾）」，他可能未必將這件事告訴開處方藥物的醫生。教練他們再去找醫生磋商，甚至可以建議其他藥物的選擇。抗鬱劑和抗焦慮藥物常常會抑制性慾和高潮。請參閱第七及第八章更多與此主題有關的資訊。

協助你的案主創訂一個計畫。幫助你的案主設計出可行的計畫，來因應他的擔心，包括逐步引導、找出另外的醫療照護提供者、尋求其他專家意見，及探索臨床照護的其他選擇性。

重新聚焦於愉悅。這是你最寶貴的服務！處於痛苦的案主可能把愉悅定義爲純粹解除痛苦而已。她可能不是聚焦於性愉悅。這就是你的切入點。以提醒他們高潮的止痛特性來著手。

更多相關資訊

重新聚焦案主於身體疼痛議題，是一種兩層面的歷程。

1. 幫助他們舒緩身體疼痛，若有需要，可轉介。例如，我經常教練案主們拿山金車町凝膠（arnica gel）來治療輕微疼痛，而我也可能轉介有長期背痛的人至提供多種選擇性的疼痛管理診所，包括替代性的藥物。
2. 當身體疼痛得到控制，幫助他們回復慾望，並體驗感官及性的愉悅。例如，假如一位案主覺得很難不去想他後腰部疼痛的話，給他幻想或紓壓音樂，讓他在自慰時能夠專注。

幫助他們辨識並找出性表達的選擇性。一直在逃避性，或發現性會痛或不舒服的案主，需要找出付出及接收身體的愛與情感的方式。他們必須再次與自己的感官和情慾面有所接觸。事實上，他們或許需要各種形式的感官／性溝通的幫助。請參閱第九章碰觸的連續座標（the Touch Continuum），並與你的案主使用它。

有些案主可從收養寵物、參加按摩課程而受益，或甚至因研習武術而感覺全身充滿能量。其他案主則對身體不適部位的感官按摩有反應。如果你能幫助案主的思考跳脫綑綁住他的疼痛牢籠之外，那你就提升了他追求愉悅的潛力及達到過較高生活品質的目標了。你越努力為某人打開追求愉悅之門，你就越增加他們生活的能力。我眞的如此相信。

若有顯著的生理障礙，考慮轉介出去。在附錄E轉介項目清單中，你會發現有一些性和殘障的專家。在大部分的個案中，這是需要特殊訓練的性教練領域。對於殘障案主，你能給予的最大禮物就是對待他如一般人，提供你全方位的如常服務。但是，如果此人的障礙程度已到了在性操作方面很困難的程度，你可能就不是最有資格幫助他的人了。眞誠推崇這類案主想改善性愉悅的勇氣、力量及決心。

有一類型的人越來越多，是正要接受手術及服藥以醫治癌症，或其他有生命威脅的疾病的婦女（還有男人），這將會給你最大的挑戰與酬償。通常她們勇敢地接受治療，已經深深在情緒及身體上留下了疤痕。在她們心中，那個有性吸引力的自我形象，可能已經扭曲了。

更多相關資訊

PWA者（有HIV／AIDS的人）可能會在診斷後或治療期間尋找性教練以獲得性愉悅。有時候，**PWA**者因呈HIV陽性而需不斷處理羞愧感。而呈HIV陰性的**PWA**者的伴侶可能也在處理倖存者的罪惡感，覺得不值得有性愉悅。

非常幸運地，曾經一度圍繞著 HIV／AIDS 的汙名現在已經不是那麼明顯了。對許多人們而言，HIV／AIDS 就像心臟狀況或糖尿病一樣，是一種終生可控制的疾病。然而，一些偏見仍然存在，當你教練 PWA 者時，請記住此點。

你必須忠告及鼓勵較安全的性行爲，並提供有創意的感官與情慾之解決方法，包括自慰。你也必須賦權予你的案主，在不去感染他人方面負全責。

以乳癌或子宮頸／子宮內膜癌症的倖存者爲例，必須去因應她們的外表感覺和功能的嚴重改變。這些婦女案主來尋求我的服務（這遠超出其他支持性的照護之範圍），她們想要重燃性慾或性愉悅，必須要克服很多身心障礙：低能量、身體羞恥感、掉頭髮或陰部掉毛、有疤痕、醜陋的手術疤痕、被前任情侶或現任情侶拒絕（因爲他們無法正視或觸摸這些地方）、低落的自尊心、害怕疾病再度復發。有些婦女甚至說她們憎惡自己的身體，尤其是動過受手術及復健過的乳房或陰道，那是從前罹癌的子宮的入口。

這些案主是相當特殊的。需要你花更多時間去設計一個謹慎的評量和行動計畫，以獲得現實的性恢復，即便是有限的。她們會回應你做爲性教練所給予的愛心。但是如果你與案主的連結不夠緊密，就無法成功地教練她至正向轉變。對這類案主做性教練是相當英勇的。你有機會點石成金，把不可能化爲奇蹟！

【第十二章】

非典型的性
的擔心與處理之道

從事非典型的性的案主，將爲你帶來不同的挑戰，他們與先前討論過的類別都不同。傳統的治療師經常無法治療他們，而心理衛生機構將他們的行爲病理化，診斷爲一種疾病或疾患。他們或許會開醫藥處方或建議密集的治療，送到療養院，或在少數個案中，使用監禁的方式。身爲性教練，你必須要清楚你所在的州法律，比如你有責任通報兒童性騷擾事件，暴力虐待配偶，或強姦——但夫妻以皮鞭互玩則不在此限。性教練中所討論的大部分性行爲都被視爲可接受的行爲，被辨識爲遊戲的形式而非病態。

性學領域欣然接受兩個不會傷害自身或對方的成年人，在雙方一致同意的情況下所發生之性經歷和行爲。此處有兩個很重要的字眼：「成年」和「一致同意」。你的案主會做一些他們覺得是狂喜的情色之旅的事，但這些事如果發生在你的私人生活中，你可能會報警。身爲教練，你的工作是支持他們的情色之旅，而非強迫他們接受你的是非對錯之觀點。那就是說，這些案主或許會引發你的評斷，而這會幫助你在實務中與案主設立界線。

在你決定去教練一位非典型的個人或一對伴侶時，你需要小心檢視自己的心智與心。如果你沒有那樣的背景或訓練，足以引發自己對廣泛的（我會說是毫無限制的）人類性表達的了解和同情心，這些案主可能會令你想逃離辦公室。教練非典型案主或許不合你的作風。那也沒關係。如果你對此類案主無法維持開放的接納，轉介他或她給做得來的人。提供正確的轉介是了不起的服務。你也會因自己能這樣做而感覺良好。

如果你決定教練一個性愛好與主流差異極大之案主，試著避免使用正常（normal）和不正常（abnormal）的字眼。相反的，要考慮到這些案主比其他人更爲複雜。

三種主要的非典型類型

這些分類是相當隨意的區分，用來幫助你在這類案主身上找出其性表達的範疇。縱使你或許會堅持使用某個術語，不過這些都是一般性的分類，其中有許多相互重疊，而且經常是混和的。

- 怪癖（kink）、戀物癖（fetish）、BDSM（綑綁〔bondage〕；調教〔discipline〕；性

虐待被虐待〔sadomasochism〕）

- 交換性／集體性
- 情慾放縱（包括色情影片、書刊和強制的性）

怪癖、戀物癖、BDSM

怪癖（kink）是個廣泛概括的名詞，它事實上包含本章節談及的所有的性實作。每個人對性怪癖都有他自己非常個人化的定義，通常定義它是「別人在性方面做我們不做之事。」爲了本書的目的，我對怪癖的定義是，不僅包括在本章裡的情慾行爲（戀物、綑綁、調教、施虐受虐狂、交換性／集體性及性放縱），還包括獸交，與BDSM場景有關的角色扮演（但不含情慾權力交換），在公開場所的性（非常普遍），極度感官／性經驗（戰慄刺激），亦即看來與性無關但會產生性激發的經驗（如攀索和跳墜運動），感官感覺的剝奪或會提升感官感覺作用的活動（如深層組織按摩），以水果或蔬菜當作假陽具插入的性交，及可造成性激發的行爲但與性無直接關聯（如嗅聞女人的髒內褲）。有時想法也會是怪癖，因爲它們的禁忌性質，例如幻想與你的教區牧師有性。

戀物癖是指某種物體或身體某部分會令人產生性興奮或性激發。通常戀物癖的物體根源於童年時跟激發有聯繫的物體，例如貝蒂阿姨用尼龍絲襪輕輕刷著小男孩的陰莖並造成勃起。

當他長大，一靠近尼龍襪，那種感官記憶就被觸發了。以下有四種戀物癖類型：

- 視覺的（看裸身的女人）
- 感官感覺的（觸摸或嗅聞乳膠、尼龍襪、皮革）
- 來自經驗的（受制於或聽到命令就會去做特定的事）
- 幻想，光是想像看到、感覺到，或經歷到就會激發性慾，例如想到在伴侶的屁股小便——小便或屁股可能就是戀物癖的對象，而尿在伴侶身上的行為就是一個 B&D（綑綁、調教）行為。

更多相關資訊

許多女性都會來找我做性教練，因為她們的男性伴侶想要她們在臥房內扮演性虐待者。「他要我在性方面虐待他，主宰他，」她們經常帶著某種程度的困惑這樣說。這些女性不了解為什麼她們成功的、強勢的男伴在性方面願意居於下方。通常有權力的男人很渴望扮演屈服的角色，因為這給了他們一個放鬆的地方而讓另外一個人主控。

BDSM 涉及支配／臣服、痛苦／歡愉、主人／奴隸，或上級／下層的遊戲——任何伴隨情慾權力的交換足以產生精神、情緒以及肉體上的緊張。這些遊戲有時也叫「搭個場景」

（doing a scene）。場景的性本質對一般人或許不明顯，但對遊戲參與者就再也明顯不過了。雖然這裡頭有些危險、風險和痛苦的地方，但活動是精心建構且大家一致同意的。扮演的角色經過事先謹慎確定。重點是信任、溝通和協商。玩家使用「安全用語」（safe words），如義大利麵條（spaghetti）就是中止動作，因爲在遊戲裡說no經常代表的意思是yes。

B&D和S&M之間有清楚的區別。

B&D，即綑綁和調教，這是很有動力的權力遊戲，它常運用精神、心理或身體方面的控制，如矇眼及手銬。否認愉悅通常是遊戲的要素，例如有權力的伴侶掌控另一方的高潮。順從的伴侶心甘情願地放棄權力。S&M，即性虐待被虐待，這是因薩德侯爵而命名的，亦爲一種權力動力活動，但是由一個痛苦／愉悅座標來定義。典型地，越多痛苦導致更大的愉悅。虐待者知道他伴侶的底限，但偶爾會把他推超過一些。道具可以極其靈巧或簡單到幾乎是日常生活用品，像廚房用的抹刀。有些典型的物品可以給予疼痛，例如皮鞭、球拍、繩索、鞭擊器、夾鉗或迴紋針，針、火焰可以造成刺痛，戴著金屬腳鐐拖著沉重的鐵球也會讓人很痛苦。再次強調，活動是大家一致同意的，角色定義很明確，且安全用語使用時機爲被虐待者再也無法忍受時。

內幕故事：鮑比和痛苦的密室

鮑比，我最棘手的案主之一，經由我認得的一位頗受尊敬的性虐待女子轉介而來。我欽佩他的聰慧。當要教練他朝向健康時，他和我就進行了我們的第一次心智戰役。我戰勝他的堅持，變成他的女性虐待者。他很有技巧地抗拒，但我沒有妥協我與他的界線。

「我沉溺於被聰明又強勢的女人拷打折磨。」鮑比說。「我付很多錢並且常常這樣玩。」那就是他的問題。他每個月從家庭和公司耗掉數百小時及幾千美元在職業女虐待者身上，但需要停止了。

我感到很困惑，我已嘗試各種性教練方法但都失敗。我試著說服他為他的強迫症尋求治療或藥物，但他拒絕了。我甚至威脅他如果他繼續去找這些會傷害他的女性虐待者，我就停止教練他。

「我知道你是可以療癒我的人，」他說。當我承認我對他束手無策了，他央求我再試一件事。「到M夫人的地牢來看我與她。」他懇求著。「你會了解我在那裡得到什麼，或許你就知道要如何幫助我。」我不情願地答應了。

一週後，我穿著件黑色套裝，拿著筆記本和筆，靜靜地坐在地牢虐待室裡一處臨時以布幔罩著的地方，在裡面觀看而不怕被看到。我沒出聲。M夫人用言詞貶損他，說些像「你是團大便」、「你是個垃圾」、還有「你不值得活下去，你這個發臭的低能兒」的話。鮑比向她哀求語言上和肉體上的虐待，她就鞭打痛揍他，猛扯他的頭髮到了我覺得她會把頭髮扯下來的地步。她越殘酷地對待他，他就越能被激發並且勃起。她折磨他的身心，要他以悔改的話語回應她的命令，並且繞著他轉、施加更多痛苦在他的身體——軀體、四肢、屁股、頸和臉部。我覺得我彷彿在觀看一齣黑色芭蕾舞劇或是棚欄格鬥。

我帶著敬畏的心情觀看。她是一個非常精熟的女性虐待者。他則是個絕對順從的奴隸。我潦草地記筆記，寫下我的觀察。當鮑比結束了他那一場活動，我們在她後面的房間討論我的發現。

鮑比不理會我的洞察和建議，選擇繼續沉溺於被虐待。他根本就不想要忠告，無論是來自於一個性教練的建議，或真正為他的利益著想、有幫助的女性虐待者的忠告。他只是一昧想要被懲戒——付出毀掉他的人生的代價。我知道在性教練過程中不容許跨越紅線而妥協，我確實給了他某些形式的療癒，或許以他在當時無法想像的方式。

你不可能在設計來施予痛苦的一間地窖裡或遊戲室，或看起來殘暴的動作中找到自己的。但是你必須很自在地了解，案主可能認爲這是他們生命中唯一也是最有性實踐的活動。

處理之道

你或許必須跨越身爲性教練目前的限制，去尋找一些你需要的資訊和工具，以解決這類案主的擔心。

教育自己與性怪癖有關的知識。觀賞得過獎的紀錄片「超越平凡（Beyond Vanilla）」（從 www. Beyondvanilla.net 可訂購）或是錄影帶「瀟灑的鞭苔」（whipsmart），可從 Good Vibrations 或 Pacific Media Entertainment 取得。廣泛閱讀由場景參與者和評論家所寫的資料。參加當地 S&M 社團的工作坊和教育會議。

親自體驗場景現場。如果可能，去參訪地牢或 S&M 俱樂部。觸摸那些設備道具。輕柔地試用一下。打開你全身的感官——視覺、嗅覺、聽覺、觸覺。你會驚奇於它們是多麼的有觸感知覺的。自環境中觀察並盡可能吸收，包括充滿於 S&M 遊戲場所中明顯的張力及情慾能量。

訂個時間與專業女性虐待者碰面。你可能甚至想要體驗一下被支配，或觀看一場現場演出。

定義你個人的自在區域。參閱第三章及第四章有關準備好成爲性教練的內容。此案主是否把你的個人極限拉得太過分？記住，「不能傷害」的警語適用於你的案主也適用於你。

教練案主維持他們的界線。幫助案主設定和維持健康的、牢固的界線。良好的界限對於他們的（以及他們的伴侶的）賦權是很重要的，同樣的，你必需保持理智與他們共事。鼓勵做安全的遊戲。與他們討論如何避開危險的情況，包括眞正的受傷，阻止不適宜的暴露，以及來自身體不健康風險的情緒傷害。

對病理線索要警覺。有些案主陷入越形提升的痛苦中。有些案主則可能是對抗權威角色而外化，並非要探索愉悅。如果有必要，轉介他們去治療或移向該模式，假如你是治療師的話。

教練溝通與磋商技巧。參閱第九章有關溝通與磋商技巧的資訊。鼓勵使用伴侶們事先設定好之專用「安全用語」，明確表達要求中止S&M或其他活動。

提供資源。當你教練其他案主時，幫助他們尋求資訊、社交活動及伴侶的資源（線上或當地社區）。熟知資料的範圍，如書籍、DVD、錄影帶、俱樂部、社團（有時是祕密的），還有相關課程。如果這眞的是他們的生活方式，那就幫助他們學習更好的、更先進的技術（詳見附錄E資源的部分。）

引導案主遠離非法或危險的實作。雖然你的角色是賦權並支持你的案主，但有時候你是以另一種方式成爲他們的監護人。導引你的案主遠離兩大禁忌：孩童與成年人的性活動及獸交行爲。各州法律或有不同，底線是要幫助你的案主遠離自我毀滅的行爲，不論是否幻想，都會送他進監獄的。如果你的案主揭露此類活動，而假如你有其他專業執照要求你採取法律行動，一定要這樣做。如果不是，一定要隨時用盡方法，重新引導他們的能量到合法及較少潛在傷害的活動。

交換性／集體性

交換性又再度熱烈起來，除了已行之數十年的郊區中年伴侶外，還吸引都會年輕伴侶。根據Lifestyles這個有名的交換性的組織，有超過一百萬的美國人參與這類活動。交換性、集體性以及三人行（3P）在古早時代就已經實行了。這些實作會使有些案主感到高興和興奮，他們會來找你，尋求你的許可去做。我辨識出五種「程度」的交換性：

- 窺伺癖（觀看別人／多人從事性行為）
- 裸露癖（在別人面前做性愛活動）
- 與伴侶之外的一個人分享碰觸／分享性（三人行）
- 與三人以上的集體性
- 幻想的交換性（借用交換性的概念來幻想，而非眞正去做）

你的案主或有一至多種上述程度。幫助他們，尤其是集體性的伴侶，釐清他們希望參與的程度。

處理之道

通常這類案主是來尋求你的允許去嘗試交換性。有些人會希望你幫忙去說服他們的伴侶一起去參加。你的角色是幫助他們探索選項，並且保持對伴侶的安全。

給予他們允許去探索此層面的性。這就是爲什麼他們來找你！

教導「安全第一」。幫助他們發展出安全的守則，包括知曉他們的伴侶，避免法律風險（對你亦然，別加入），及使用較安全的性實作（至少是保險套）。

認可暴露／窺伺。在交換伴侶聚會中只看不做是可以的，或者有做但未眞正經歷性交。

鼓勵他們使用個人的轉介。信任的來源比匿名線上或報紙的個人欄更値得信賴。幫助他們減低陷入圈套或涉入危險狀況的風險。

給他們許可去幻想而非行動。有時幻想是比眞實世界要好。許多對伴侶會有與第三人或另一對伴侶一起交換性的想法，或是參加一個交換性的聚會，而不需要面對任何負面的後果或風險。

讓他們評量自己的動機。有時案主對交換性有興趣，其實是想要有雙性戀或同性戀的關係。有時他們會尋找外界刺激來強化他們的情慾想法或行爲。你也會遇到有些伴侶，對他們而言，交換性是他們在主要的關係之外對伴侶表達愛的一種眞誠方式。幫助你的案主伴侶發展一套有關猜忌、忠誠、信任和疾病的關鍵性問題，預先評估，擴展性經驗對他們的關係會有什麼影響。交換性眞的能改變一個關係。身爲性教練，你必須在鼓勵新的探索行爲，和保留伴侶親密關係的完整性或維護生活方式的必需要求之間，達成平衡。

內幕故事：貝利夫婦和跳大腿舞的舞孃

貝利夫婦尋求教練以強化他們的性生活。「我們有很棒的性生活，」貝利先生說。貝利太太也同意。「但我們希望有性的多樣性。」

在我們某次晤談時段後，貝利夫婦去一個煽情舞蹈俱樂部，在那裡貝利太太深受一位跳大腿舞的舞孃的吸引，她們眉來眼去互相挑逗。兩個女人火熱猛烈的親吻讓貝利先生受不了，想要更進一步。他覺得刺激而她感到害怕。

他們問我是否可以邀請這位舞孃回家同住。我建議最好不要。我教練他們要小心回答一長串的問題，包括：這是否是個賣春的金錢陷阱？他們會被控訴拉皮條嗎？她是否真的享受化幻想為行動？假如她在他面前與一個女人做愛，他會介意嗎？他會要求加入性嗎？若會，當她看他與另一個女人有性，她會有什麼感覺？這個新的女人是一個值得信賴的夥伴嗎？他們是不是應該檢視她的健康狀況與性的過去？做這樣的決定是否會傷害他們的情緒連結？

一旦檢視所有可能錯綜複雜的問題，這對伴侶決定不要去邀約。相反的，他們在俱樂部享受激發的樂趣，然後回家就有強烈的性。他們利用舞蹈俱樂部做為燃起情愛的薪柴。

「謝謝你把我們從可怕的悲劇和身陷牢獄的危險中解救出來！」貝利先生說。「你的性教練給我們勇氣去成為性探險家，去進入外面的世界，並把性技巧帶回家，成為世界級的做愛達人。」

情慾放縱

任何極端的情慾放縱可能會被定義爲某人有性成癮（sex addiction）或強迫性性行爲（compulsive sexual behavior），這些名詞可以替換使用。男性或女性投入時間和精力於色情網頁、限制級影片或多重性伴侶，到了危害其關係、工作和生活目標的地步，通常被標示爲性成癮者、色情成癮者或是最新的網路成癮者。我不相信強迫性性行爲與成癮是同一回事。你可能會因色情網路而丟掉工作，但那不表示你是成癮者。以下的內幕故事，說明色情成癮理論是如此普遍，而且有傷害性。

內幕故事：查理，色情成癮者

有一次，我去當一個全國性電視節目的來賓。當天的題目很有爭議性，是討論春宮影視是否是成人的娛樂。有些來賓和觀眾強烈反對春宮。有一位擁有博士學位的教授反對所有的成人娛樂，宣稱所有的成人娛樂都是在剝削女人——這是對色情影視普遍的誤解。

我主張成人在性素材方面的權利和自由表達，堅持使用三級（triple-x）限制級影片素材可以增進伴侶的性生活。我相信成人——單人及伴侶——應該可以縱情享受成人娛樂以獲得單獨的愉悅或性的強化。但那天我只是尖酸道德批判的大合唱中一個小小的聲音而已。

我與其他來賓同車回家，大部分是成人影片演員。有兩位很生氣，說他們成了捕獵女巫大會的犧牲者，而我試著平撫他們受傷的感覺。但我也感覺自己中了攝影機埋伏的圈套。我在兩星期後觀賞節目的播出，我又再度驚訝於那些人對於曝露的成人娛樂的無知。真是浪費我的專業！

節目播完沒五分鐘，我的電話響了。打電話來的人是查理，壓低聲音，用溫柔的聲調詢問我是否就是他在電視上看到的佩蒂博士。當我說我就是，他要求我聽完他的故事。

查理對於自己享受限制級影片和線上成人網站感到羞愧和沒面子，當他轉開電視看到那個節目時，他一度擔心自己是對色情影視成癮了。他說，「你是第一位讓我感覺自己是乾淨的專業人士。我以前認為自己是一個卑鄙的人、一個變態。現在我不再這樣覺得了，你以你意料不到的方式幫助了我。我希望我能跟你會面並接受你的教練。」

一禮拜後，查理出現了。我們工作了一年，針對他與色情相關以及及其他的議題。我相當感激那個可怕的電視節目，讓我有機會澄清色情問題，至少有一個人受益。我相信他不會是唯一的人！

有關色情影視的一些問題

最不為人所理解或最被汙名化的性層面，也許就是色情影視了。隨你稱它是什麼都行

——色情藝術、春宮、垃圾或珍寶。人們選擇去享受這種形式的色情娛樂，每年有市值數十億美元的生意。

它是色情還是情色藝術？我們想藉另一本書來區別色情、情色藝術和性曝露的素材。色情書刊與影片通常涵蓋了這三類。我對這些名詞的定義如下：色情和情色藝術的用意是去激發情慾。我一向把情色藝術（erotica）作爲色情（porn）柔軟的一面，而色情是骨幹。性曝露的素材則並不是用來激發情慾，而是在教育和說明（如性教育影片、書籍和文章）或去刺激其才智，像色情藝術。不論你如何下定義，色情這個字眼不應背負負面內涵。

你的案主對於色情的態度可能按性別來區分，男人較贊同色情的（或依賴色情的），而許多女性是反色情的。要使伴侶雙方都同意此話題並不容易。身爲性教練的任務之一，就是選取一些彼此能接受的春宮影視來教育及激發他們。

色情影視有幫助還是有害？不，色情並不會使他去做。不要讓案主怪罪其性的不良行爲於色情。色情會協助個人或伴侶的性發展及表達，而非傷害。無數的研究指出，觀看色情影視和犯下性暴力行動，包括強姦在內是沒有因果關聯的。春宮照及影片的作用是讓觀賞者產生性激發，春宮照也就是這樣而已。如果一個圖片影像可以那麼輕易地改變人們的行爲，那麼一九八〇年代末期的安全性教育研討會就應該可以阻止HIV的散播。

我常開色情影視的處方給個人或伴侶們，尤其那些苦惱於低性慾或沒有性慾、無聊厭倦、缺乏性技巧和有性激發擔心的人。沒錯，要一個女人說春宮照是不骯髒不可恥的，是太激進了。但我親眼目睹許多人藉由色情影視改善了他們的性生活。

色情會不會呈現一個扭曲的性觀點？春宮影視的確會讓死忠的觀衆抱持扭曲的性現實圖像，尤其是年輕人。並不是所有現實中的婦女都有大胸脯和填不滿的色情慾望。大部分男人也沒有巨大的陰莖，或一聲令下就可以不斷地射精，他們也沒辦法維持數小時的硬挺。幫助你的案主對於這些畫面減敏感，尤其是單身男性，幫助他們消除大胸脯女人渴望男人射精到她們臉上的幻想。許多依賴色情影視的男性也需要被教育，了解有關陰莖的平均尺寸和表現，這樣他們才會對自身覺得好過些。

但是我們的案主會不會對春宮影視或其他性行為成癮，尤其是網路性愛（Cybersex）？對於到底什麼構成「太多」及「太多」是否就是眞正成癮的意見，頗爲分歧。舉例而言，有些專家說每週在網路觀看春宮影視八個半小時，就是成癮。雖然我尊重其他領域的同行界定某些行爲是心理衛生的擔心，但我不同意他們的結論。對於這類情形，我稱之爲色情影視依賴（porn-dependency），眞正的問題不在春宮影視，而是在於強迫。很多男人，無論是否有伴侶關係，都會爲了性而一個人坐在電腦前，靠著性釋放的方式來轉換緊張、處理壓力。不管有沒有網路，他們都會自慰。爲什麼?他們筋疲力竭、工作過度、焦慮，且可能有關係的問題。一個不求回報的性出口，對這樣的男人似乎很完美。但是，當他把精力從他的工作、家庭和主要關係上移轉到強迫性性行爲時，他就有問題。身爲性教練，你必須教練他去減少強迫性的行爲，並把更多的精力回歸到他的關係上。在有些情況中，你得轉介他去治療或服藥。

性成癮：事實還是迷思？性成癮是當今性學裡最具爭議性的主題之一。我從不使用這個字眼，寧可使用其他性學研究者和治療師所用的用語：強迫性性行爲。性成癮的模式是由派屈克・卡恩斯（Patrick Carnes）所闡述發展出來的十二步驟方案，包括SAA（性成癮匿名者，Sex Addicts Anonymous），SLAA（性與愛成癮匿名者，Sex and Love Addicts Anonymous）和其他。

我不會轉介案主去參加那些試圖停止性思考和行爲的課程。事實上，我經常看到男人，有時是女人，參加此類課程而且毫無成效。相反的，我幫助案主發現和了解他們衝動的原因，覺察他們的模式，並且破除負面模式，不去界定性是「壞的」或「邪惡的」。強迫性的行爲（很多與酒精、藥物和食物依賴同時發生）成爲教練工作的焦點。

案主如有性的強迫行爲可能會是棘手且困難的。他們可能需要更多的幫助，比你所能或想要提供的更多，包括每天以電話或電子郵件檢視，嫌惡制約的回家作業，以及正向支持的網絡，包括能鼓勵他們管理其強迫性傾向的朋友、伴侶們、親戚們甚至團體。

如果你能幫助這些案主管理他們的強迫性，而不否定他們的性愉悅，你會戲劇性地改變他們的人生。

處理之道

要解決與色情影視和強迫性性行爲有關的擔心，你必須要能非常包容，並且自在地處理情慾。

運用色情影視／情色藝術為提供給案主的性教育資料。許多個人及伴侶們自觀賞春宮影片獲得性姿勢與技術的新點子。男女演員在啓動性行動方面是他們的角色模範。伴侶們可以一起觀賞錄影帶來啓動萎靡的性慾。

不要怕去運用這些資料來處理案主的所有性擔心。推薦一些女性製作人的影片像甘蒂．達柔雅（Candida Royalle）以及薇蓉妮卡．哈特（Veronica Hart）。有時個人或伴侶們只是觀賞春宮影片就說害怕他們自己會上癮，再次向他們保證絕對不會。

鼓勵伴侶們去妥協，以解決彼此關於色情影視的衝突。你常會遇見伴侶們爲了使用何種類型的春宮影片或是情色藝術、或到底要不要使用色情影視而造成衝突，伴侶之一（通常是男性）花太多時間在色情影視上。我教練伴侶們接受色情影視，這可以豐富他們的關係，而非減損。引導他們朝向更優良的春宮影片，他們可以分享這類的素材讓彼此激情起來。色情影視或情色藝術常常是伴侶們忙碌的無性生活中缺乏的成分。

幫助案主辨識他們強迫性的行為背後的理由。當太太抱怨他們的無性婚姻時，去問是什麼使得男人一星期花數小時去看線上春宮影視？強迫性是由幻想驅動的，包括幻想生活在一個世界中，在那裡性的發生是不帶期望、沒有要求也沒有時間限制的。網路春宮影視熱愛者就是想在他的關係中逃避責任或問題。幫助這些案主判定網路性愛是否眞實或感覺到親密，且是否是不忠。

不要立即對網路性愛做結論。你或許必須與案主討論線上性愛的問題。知曉你的限制。線上性愛的幾乎無限制境界，是有其規則的另一個世界；了解其細微之處要相當多的研究。幫助你的案主誠實地談論網路性愛是否是眞正的性。聚焦於眞正的議題：這些活動會自關係中拿走多少時間和精力？

注意蛛絲馬跡。留心觀察春宮隱士的徵兆。一些男人會在眞實關係中安全地偷偷觀賞色情影視。我曾經碰到婦女把所有空閒時間拿來閱讀言情小說，做爲她們的幻想生活方式。幫助你的案主避免孤單，並阻止他們使用情慾的或浪漫的娛樂來逃避親密或逃避身體愉悅。

將它編碼！將它編碼！對於觀賞太多春宮影片的案主，我的行爲方案是有一點諷刺意味的扭曲。我不對性強迫採取禁慾方法，我要求依賴色情影視或網路性愛的案主們，當他們觀賞這些性激發素材時，使用一張特別的編碼單。在此單子上他們必需記下性行動的次數，每次性行動的時間，以分鐘爲單位，以及誰做什麼、在哪裡和何時發生。此練習所包含的精神工作量會將觀賞成人娛樂的活動去色情化。

內幕故事：泰迪和公園裡的慢跑者

一位專精於強迫性疾患的知名心理學家轉介來一位「毫無希望的個案」，案主泰迪的狀況的確複雜，但我能夠幫助他。他是一個害羞內向的人，他對我完全信任，使我幫助他的成長遠超越我們彼此的期望。信任是所有療癒關係的關鍵。

「我有強迫性的問題，」他小聲地說，緊張地絞著雙手。「我幹了一件可怕的事，我的醫生說我必須停止。」

我親切地對他微笑，並說，「你在這兒說任何話都是安全的，泰迪，我希望我能幫得了你！你願意跟我多講一些嗎？」

以下就是泰迪的故事。他有一個很危險的習慣，他會躺在公園的草地圓丘上，觀看身穿運動胸罩和緊身毛線褲的婦女慢跑經過。他在堅硬的地上揉搓他的肚子，並且在地上滾來滾以達到高潮和射精。泰迪早就覺察到他這種行徑可能會害他被捕坐牢。但經由性教練，他才發現這麼做可能造成了一個自慰模式，會使他很困難與女人有性！

我訓練泰迪使用一種專心技巧，自他的習慣中去除刺激。他的家庭作業就是觀賞幾小時的電視節目（他喜歡的另一個消遣），尋找類似慢跑的女性影像，然後任何時候他都可以單獨進行性實作。他要記下每部片子的片名，每個關鍵段落維持幾分鐘，及當他自慰時他做了什麼。他愛死了這種家庭作業。他對著電視自慰越多，他就越少花時間去公園！

他脫離強迫性的方法是強烈地聚焦於他的行為，而非遠離。性教練協助他去改變，以去病理化處理他的自慰行為，而不是讓他覺得羞愧或骯髒的。最終，他會失去對著慢跑女性自慰的興趣。而且最後他改變了他的自慰模式，不再是以那個媽咪沒看見或聽到、在床罩上磨蹭下體的小男孩般的祕密方式來進行。他開始可以躺著，並學習新的方式來使用他的雙手自我愉悅。最後他準備好以不會嚇跑大部分女人的方式來性交。由於不病理化他的行為，我使得他信任性教練的旅程及信任他自己。

如同我對所有案主都會說的，當泰迪要離開時我告訴他，「電話線永遠是通的。我永遠會在這兒等你。」我時常會接到他的消息，讓我知道他進展得多好。

我希望現在你能感到被賦權去做性教練的工作。我們需要你！如果你不覺得你已經準備好了，你或許需要尋求更多經驗，還有專業訓練及SAR（性態度再評估），準備好去處理數量龐大到令人目眩神移的人類性擔心吧！

搞懂它！

1. 描述一個假設性的 BDSM 案主，他們可能會詢問你的服務是什麼，及你如何回應。
2. 何謂戀物癖案主，你如何處理？

後記

性教練實在是驚險刺激的專業，需要與時俱進（包括與同儕聯繫），涉獵新知新點子，持續地發展技巧。我知道，如果你有任何地方像我，假如它無法引發你的熱情，你將無法勝任此工作。熱情，是點燃求知、擴展機會、運用技藝的慾望之火的要素。熱情就是讓我們感覺，即使我做這份工作沒得到報酬，它仍然是值得的。

在你開啓新教練業務之前，我想分享我最後的想法——當你性教練案主時，我有些事情想提醒你：

想法格局要大！當你展望你的性教練實務時，不要設限。且不要低估你的影響力，經由你的工作，你可以對世界做出正面影響。

當你要擴展業務時，對自己溫和。建立一個成功的業務是需要時間的。如果事情進展緩慢，不要把自己逼得太緊了。

享受歷程。如同你將告訴案主，性教練是一個歷程而非一個事件。在你的記事本記錄下你每天教練的成就。品嚐、欣賞每一次的勝利，不論它有多渺小。

持續使自己成長。每天都要學習更多。無論何時都要盡你所能擴展你的界限。挑戰你自己，超越你的自在區域。

邀請別人幫助你。建立一個主動的網絡。聯絡你的同儕並尋求他人一起合作。

敢以你自己的方式去做。身爲性教練，你必須冒點風險使你的方法獨特且與眾不同。創造力在此領域中是必須的！

面對失敗，要跟成功一樣感到喜悅。失敗是你最偉大的老師。你的成功是你的支柱和朋友。

保持清楚的界線與清晰的視野。爲了案主，你可以試著開拓自己的視野與能力，別輕易向自己的專業限制妥協。

慶祝你的性自我！不要忘了你自己也需要享受愉悅。慶祝自己美好的性爲你的生活所帶來的每件事。我允許你去慶祝！

除此之外，記得這點：所有的藝術都需要專注，注意你畫筆的筆觸以及你周遭每個人所勾勒出的更大畫面。盡你可能找出所有美麗的色彩，畫出一個性教練的大浪潮！

更多相關資訊

幾星期前，我與一位名叫湯姆的年輕人會談，訓練他成爲性教練。我只是做我一向會做的，盡我所能自在地給予，並訓練一個進入此領域的新進者。以下就是在我們的談話後他寫給我的信——一封漂亮的手寫信，裡頭還塞著一張手工製作的問候卡片。當我讀著它，我感動得哭了。

「佩蒂博士，

我終於可以說我的人生道路被照亮了。我再也不用在黑暗中行走，不再到處亂碰亂闖，不確定我人生旅程下一站的房間門在哪裡。您或許沒想到我們的談話多有威力，您引導我找到燈的開關。雖然緊張和不確定感仍然存在，我現在至少可以在遠處就看到那些門了。

我的大姊一再告訴我，要想得到你要的答案，你必須找到『傳神諭者』。她提醒我，尋找這些傳神諭者的經歷本身常常是一段旅程，一旦你去找，你將會知道你找到了。我已經尋找了數月，打電話、寫電子郵件、找人談。至少有三次，我離開了那些自稱知道他們在談什麼的人。但受到某種神奇的幸運眷顧，您出現在我的畫面。您的魅力、知識和經驗讓人耳目一新，尤其是您幫助了許多自覺毫無意義的人。我實在不知如何感謝您。佩蒂博士，您是我的傳神諭者。

我發現您選擇教練做為一種專業，並非一個小小的巧合。一位教練是一個引導、建議、諮商、教誨、教育和啓發的人。因此，如果我們半小時的交談有任何啓示，那麼您

【附錄A】

引導的想像
山丘上的池塘

這項技術帶領案主進入內心旅程。若你發現到案主需要一種方法來掀開還未揭露的、與你性教練工作有關的情緒或記憶（尤其是 ST 案主），這個技術特別有用。它亦是促進放鬆和強化自我覺察的有效工具，是案主也能自己進行的寧靜冥想。你可以錄下自己的聲音，再將錄音拿給案主，或者你可以給案主紙本內容，讓他們錄下自己的聲音，做爲家庭作業使用。要給他們足夠寬裕的時間來完成這個練習，至少十到十五分鐘。

以柔和的聲音說：

閉上你的眼睛。現在，深呼吸。跟著我一起呼吸。現在，放慢你的呼吸。想像你的呼吸沿著背部往上，然後沿著身體前面往下，慢慢地，且溫柔地。吸氣……呼氣……再吸氣……再呼氣……。就像這樣。現在，放鬆自己。放鬆自己到你呼吸進出的流動氣息之中，同樣是慢慢地，溫柔地。現在，你開始飄起來，進入你自己呼吸的聲音中……。現在，想像你進入一片綠草原，看見一個在山丘上閃耀的池塘。沿著你發現的小徑走，注意沿路上哪些東西讓你內心激起波瀾。撿起沿路上看到的任何東西，也許是花朵、神聖的物品、松果或甚至垃圾。你發現的任何東西，都是你旅程的一部分。沿著小路走，你會發現一條小溪流。傾聽它的流水聲。感受太陽照在你皮膚上的溫暖，一邊走，一邊深呼吸。每一步都用走的，一次走一步，當你朝向右邊的池塘前進時，每一步你都會感覺到腳底下的土地，現在移動一、二、三、四步。當你接近池塘時，在池邊躺下，並看著池中自己的倒影。你看到什麼？你感覺如何？什麼樣的想法浮上心頭？請在腦中記下來，這裡帶給你的感覺。現在，自然地呼吸，你伸出手，探入池底，然後取出某樣東西，這東西說出你內心的自己。問問自己，爲什麼我在這兒？這裡給了我什麼訊息？不斷地問自己這些問題，同時感覺到陽光照在你臉上，聞到池塘和綠草小丘的清新。聆聽大自然的聲音——鳥、昆蟲、和風的聲音。現在想像你翻過身，吸收太陽的溫暖、景象、氣味、聲音及這個美麗地方的感覺。讓你自己心平氣和地躺在那裡。當你準備好時，開始倒數，五、四、三、二、一。數到一時，慢慢張開眼睛，讓我們來談論你的旅程。

【附錄B】

案主守則

案主來找性教練時，經常並不眞正了解教練工作包含了什麼。我將下列守則印出來給所有的新案主。

歡迎來到佩蒂博士的性教練工作室。我非常高興你肯花時間並找尋資源來讓我成爲你的引導及性教練。

性教練是什麼？

性教練是這些因素的綜合：

- 個人化的性資訊與教育
- 重新導向的認知歷程與精神框架
- 情緒平衡
- 直覺引導
- 行爲訓練

● 資源與轉介

性教練包含所有你的這些部分：

心智。資訊。你的「自我對話」、想到性操作、幻想的能力及困擾的思考模式，如強迫性。

情緒。感覺。從過去至今所有的感覺、關於你的身體及身體形象、你所壓抑的及所表達的、你如何表達你的情緒以及你的親密能力。

身體與身體形象議題。你的生理自我。知曉你自己的性模式如何運作、了解你自己的性結構與功能、承認並接納你自己的性功能與障礙，學習如何在獨處或與伴侶在一起時成爲一個成功情人的技巧。

能量。性就是有關能量之事！能量之增長、包含及表達。在我一對一的工作中，我會觀察個人及伴侶的能量模式，並給予我的教練回饋意見，因爲處理這方面通常會忽視了性的部分。

靈性。自我精華。難理解的奧祕時刻或超越當下的實作，如高峰的高潮、神聖的性；人們經由性而否認或反映出內心自我更微妙更纖細的狀態；以及體驗神或上帝的性之途徑。

我的責任是什麼？

● 引領、指導及保護你免於受到傷害

- 賦權予你以達到你意欲的夢想
- 賦權予你去克服你可能有的性困難或你有的恐懼
- 幫助你達到你的性／關係目標，並一起找出令你滿意的結果

你的責任是什麼？

- 準時於約定時間出現
- 準時付費
- 提供詳盡的性關係史
- 要眞誠，並與我分享眞相

收費方式？

收費是依據談話時段的長短而定，每五十分鐘一百二十美元（約台幣三千六百元），如實際談話時間較長或較短，則依比例調整。身體工作的收費則爲每一時段五十分鐘一百二十五美元，較長或較短的時段則依比例調整。每一時段結束時，請以支票、現金或信用卡付費。

倘若你有財務困難，我也有彈性的收費及付款方案。至於電話時段，則須經由我的網站以信用卡支付或預先寄上支票。

晤談時段如何進行？

大多數的時段是面對面進行。有一些是經由電話進行，也很有效。大多數的時段大約一小時。關於時段的安排，可能是一週一次，依你我有空的時間及你的性教練需求而調整。

錯過晤談時段或改變時間會怎樣？

我有二十四小時前取消晤談的規定。倘若你未能在那之前取消或重新安排時間，你會因錯過晤談而被收取一半的款項。當然，在很特殊的狀況下，錯過晤談是不會收費的。若是由於我臨時參與媒體（廣播、電視等）的現場節目，我可能也會需要更改晤談時間，在那些情況下，我也會盡量在二十四小時前發出通知。

你能期待什麼？

此類型的工作會是你一生的轉變，而非只是你的性。我向你保證，信任教練歷程，並讓我成爲你的引導，你會成長、學習且成爲一個更爲賦權的人。非常感謝你選擇我做你的性教練。做這工作一向是我的光榮與恩典。我很興奮在此途徑上我們結伴而行。

【附錄C】

初談與評量表格

簡短性歷史（男性）

個人資料

姓名：

家中或辦公室電話：　　手機：

地址：

可打電話？　是／否

E-mail：　　可寄E-mail？　是／否

出生年月日：

關係狀態：　單身／約會中／已婚／分居

目前性認同：　異性戀／同性戀／雙性戀／異性裝扮者／跨性別者／

其他：＿＿＿＿＿

目前居住狀態：獨居／與配偶同住／與情人同住／與朋友同住／與室友同住／與父母同住／其他：＿＿＿＿＿

性歷史

初次有性感覺的年齡	初次夢遺的年齡
初次自慰的年齡	初次有性吸引的年齡
初次約會的年齡	初次性交的年齡
初次高潮的年齡	上次高潮的日期

請簡短填答下列問題

1. 你在兒童時期接受過哪些與性（sex／sexuality）有關的訊息？而它們可能如何影響你今天的性？
2. 你目前對於自己的性有哪些擔心？你爲何來此？（例如，有關你性操作的感覺，有關你的關係、你的身體或自慰的感覺……）
3. 身爲男性，你可能會有哪些擔心？
4. 你的高潮經驗爲何？是獨自擁有還是伴侶在一起時？
5. 你自我愉悅或自慰的經驗爲何？

6. 目前你的自我愉悅／自慰的模式及頻率爲何？

7. 你對自己身體的感覺爲何？（孩童、青春期、年輕時乃至現在）

8. 描述你的性關係史（多拿一張紙來寫或寫在反面，如果有需要的話）。談論伴侶的數目、你曾經歷何種性活動，以及在你親密關係中曾出現的議題與衝突。

9. 描述你與目前或可能的性伴侶發生性接觸時可能會有的任何感覺。

10. 描述你目前的性互動，如性交或自慰、性慾蠢蠢欲動、你性愉悅的目前模式、性互動的頻率、你目前性伴侶的數目等等。

11. 你多常會想要或有性慾做愛？

□一天一次　□一天二～三次　□一天超過四次　□一星期一次

□一星期二～三次　□一星期超過四次　□一個月少於四次

12. 下列哪一項會令你性趣盎然？

□色情／春宮雜誌　□色情／春宮影片　□自慰時之幻想　□色情電話熱線

□網路聊天室　□線上性聊天　□網路性愛（現場）

□其他線上性愛（與其他人）　□妓女　□S&M遊戲　□異性裝扮

□交換伴侶　□色情舞蹈俱樂部　□偷窺　□色情書籍

□浪漫小說　□黃色骯髒的話　□其他＿＿＿＿＿＿

13. 你有興趣接受有關身體工作（bodywork）的訓練，如自慰或其他性強化的技巧嗎？ 是／否

14. 你願意與性代理人一起工作嗎？ 是／否

15. 你目前有在接受心理治療或身體工作嗎？ 是／否

16. 你願意接受轉介去見心理治療師或身體工作者嗎？ 是／否

17. 你有先前就存在的醫學狀況影響到你的性慾嗎？（例如糖尿病、高血壓、心臟病等等） 是／否

18. 目前你有在服用醫生開的處方嗎？（如高血壓、糖尿病、憂鬱症、焦慮症或心臟血管疾病的藥物） 是／否 如果是列出：＿＿＿＿

19. 你的長遠性目標（sexual goals）爲何？

20. 你來接受性教練的主要目標爲何？

21. 你願意承諾去達到你的性成功（sexual success）嗎？你同意去做一些回家作業並允許你自己獲得性愉悅嗎？ 是／否／不確定

22. 我在此免除佩蒂博士和他的合夥人自性教練中可能導致的損傷之責任。

23. 請描述與你過去或目前經驗相關的任何事情。包括任何對

於我可能很重要必須知道之事，如此我才能協助你達到你的性目標。

簡短性歷史（女性）

個人資料

姓名：

家中或辦公室電話：　　手機：

地址：

可打電話？　是／否

E-mail：　　可寄 E-mail？　是／否

出生年月日：

關係狀態：　單身／約會中／已婚／分居

目前性認同：　異性戀／同性戀／雙性戀／異性裝扮者／跨性別者／其他：＿＿＿＿

目前居住狀態：　獨居／與配偶同住／與情人同住／與朋友同住／與室友同住／

與父母同住／其他：__________

性歷史

初次有性感覺的年齡　　初次有情慾春夢的年齡

初次自慰的年齡　　初次性吸引的年齡

初次約會的年齡　　初次性交的年齡

初次高潮的年齡　　初經的年齡

上次高潮的日期

停經的年齡　　使用荷爾蒙補充__________

劑的類型　　已使用多久？

請簡短填答下列問題

1. 妳在兒童時期接受過哪些與性有關的訊息？而它們可能如何影響妳今天的性？
2. 有關妳的月經或懷孕，妳有哪些擔心？
3. 有關更年期之前／之中／之後，妳的擔心爲何？
4. 妳的高潮經驗爲何？是獨自擁有還是伴侶在一起時？
5. 妳自我愉悅或自慰的經驗爲何？
6. 目前妳的自我愉悅／自慰的模式與頻率爲何？

7. 妳對自己身體的感覺爲何？（孩童、青春期、年輕時乃至現在）

8. 描述妳的性關係史（多拿一張紙來寫或寫在反面，如果有需要的話）。談論伴侶的數目、妳曾經歷何種性活動，以及在妳親密關係中曾出現的議題與衝突。

9. 描述妳與目前或可能的性伴侶發生性接觸可能會有的任何感覺。

10. 描述妳目前的性互動？例如性交或自慰、性慾蠢蠢欲動、妳性愉悅的目前模式、性互動的頻率、妳目前性伴侶的數目等等。

11. 妳多常會想要或有性慾做愛？

□一天一次　□一天二～三次　□一天超過四次　□一星期一次

□一星期二～三次　□一星期超過四次　□一個月少於四次

12. 下列哪一項會令妳性趣盎然？

□色情／春宮雜誌　□色情／春宮影片　□自慰時之幻想　□色情電話熱線

□網路聊天室　□線上性聊天　□網路性愛（現場）

□其他線上性愛（與其他人）　□牛郎　□S&M遊戲　□異性裝扮

□交換伴侶　□色情舞蹈俱樂部　□偷窺　□色情書籍

□浪漫小說　□黃色骯髒的話　□其他________

13. 妳有興趣接受有關身體工作（bodywork）的訓練，例如自　是／否慰或其他性強化的技巧嗎？

14. 妳願意與性代理人一起工作嗎？　是／否

15. 妳目前有在接受心理治療或身體工作嗎？　是／否

16. 妳願意接受轉介去見心理治療師或身體工作者嗎？　是／否

17. 妳有先前就存在的醫學狀況影響到妳的性慾嗎？（例如糖尿病、高血壓、心臟病等等）　是／否

18. 目前妳有在服用醫生開的處方嗎？（如高血壓、糖尿病、憂鬱症、焦慮症或心臟血管疾病的藥物）　是／否　如果是列出：＿＿＿＿

19. 妳的長遠性目標（sexual goals）為何？

20. 妳來接受性教練的主要目標為何？

21. 妳願意承諾去達到妳的性成功（sexual success）嗎？　是／否／不確定

22. 我在此免除佩蒂博士和他的合夥人自性教練中可能導致的損傷之責任。

23. 請描述與妳過去或目前經驗相關的任何事情。包括任何對於我可能很重要必須知道之事，如此我才能協助妳達到妳的性目標。

跨性別者初談與評量表格

（註：這是我們一起工作中必要且保密的部分。請盡可能填答完全。我們會在第一次晤談時段詳細討論。）

個人資料

日期：　　　　轉介者：

出生姓名：　　　　變性後姓名（若有不同）：

地址：

電話（工作）　　　　（家）　　　　（手機）

可打電話？是／否

電子郵件：　　　　可寄電子郵件？是／否

職業：　　　　現任僱主：

出生年月日：　　　　年齡：

年收入（大約估計）：　　　　保險狀態：

關係狀態：單身／約會中／已婚／分居／其他：

初次晤談呈現之性別：男／女／其他

性導向／偏好／認同：（圈選出適用於自己的）

異性戀／同性戀／雙性戀／異性裝扮者／跨性別者／變性／其他：

目前居住狀況：獨居／與配偶同住／與情人同住／與朋友同住／與室友同住／與父母同住／其他：

目前醫學治療（依型態及地點之醫生／診所）：

緊急聯絡人（姓名）：　　電話：

擔心之評量

醫治／治療史：

自殺意向或行爲史：

社交支持系統之性質：

荷爾蒙使用史：

酒精／藥物使用史：

涉入社交，復原／十二步驟方案：

性別認同衝突／性導向史：

初次覺察跨性別之年齡（圈選一項）：

五歲前　五至十一歲　十二至十八歲　十八至二十五歲　二十五歲以上

醫學的／職業的／法律的議題：

家庭史（心理／藥物／酒精／性虐待史）：

最近的失落與去年的危機：

你的目標

請述說你今天爲何來此？

對於我們一起工作，你的目標爲何？

就此停止

初談時所做之轉介（由佩蒂博士塡寫）

【附錄D】

恥骨與尾骨間肌肉鍛鍊模式（The PC Exercise Model）

這是你可以教導幾乎每一位案主、不分男女的一種基本性技巧。鍛鍊恥骨與尾骨間的肌肉（即PC肌，pubococcygeal muscles），或愛情肌（我不喜歡用它們恰當的名稱，凱格爾肌，the Kegels，因爲聽起來太臨床），對於不能達高潮的女性或有困難維持勃起的男性有助益。男性可以使用它來強化勃起之堅硬，尤其當勃起漸弱時。定時鍛鍊恥骨與尾骨間的肌肉的女性，有較縮緊的陰道壁，更能達到高潮。她們常常能在性愛時反射其PC肌，以提高她們自己及男伴的感官感覺。男女均能學習運用他們強健的PC肌做爲性遊戲的力量抽吸（Power pumping）。在一個古老的性祕技中，貼切的名稱爲摩撫與抽吸力量（pompoir power），女性收縮著她包圍陰莖的PC肌肉（或「抽吸」它，pumps it），使得男性感覺她是在搾擠他的射精。

強壯的PC肌肉表示較佳的性——改善的勃起功能，較快的高潮反應及強烈的愉悅。整合定期的PC鍛練於每日生活中，經過三星期後，男女均令人驚訝地陳述他們感到一種自我提升感，增多的性慾及較高的性信心，更不用提較爲持久的性愉悅行爲及整體的較佳性滿意。

我的 PC 鍛鍊之教練方法：

以停止及開始尿液的流動，來找出骨盆腔的恥骨與尾骨間肌肉。但找到位置後就不要再這麼做了！使用下列模式每天練習：

1. 找出那些肌肉並緊緊地擠壓，然後數兩下。數的時候，說一個馬鈴薯，兩個馬鈴薯。
2. 數一（一個馬鈴薯）時放開它們。
3. 重覆二十次。
4. 短暫休息二十秒。
5. 整個過程再重覆兩次，總共重覆六十次。
6. 不間斷地每天做，連做三週，然後你會發現在性方面有顯著的正向改變。

【附錄E】

資源

組織與協會（ORGANIZATION AND ASSOCIATIONS）

Adult Children of Alcoholics (ACA)
www.adultchildren.org

Advocacy for First Amendment Free Speech: Feminists for Free Expressions (FFE)
www.ffeusa.org

American Association of Sex Educators, Counselors and Therapists (AASECT)
www.aasect.org

American Board of Sexology and American Association of Clinical Sexologists
www.sexologist.org

Centers for Disease Control & Prevention
www.cdc.gov

Coach University
www.coachu.com

Coach Ville
www.coachville.com or www.cvcommunity.com

Codependents Anonymous (CODA)
(check local listings)
www.codependents.org

ETR Associates
www.etr.org

Gloria Brame on S&M/Different Loving
www.gloria-brame.com

Go Ask Alice: Columbia
University's Health Education Program
www.goaskalice.columbia.edu

Harry Benjamin International Gender Dysphoria Association
www.hbigda.org
email: HBIGDA@famprac.umn.edu

Humboldt-Universitat zu Berlin Magnus Hirschfeld Archive for Sexology
www.sexology.cjb.net

Institute for the Advanced Study of Human Sexuality (IASHS)
(graduate programs in sexology)
www.iashs.edu

Institute for Life Coach Training (Pat Williams)
www.lifecoachtraining.com

International Academy of Sex Research
www.iasr.org

International Association of Coaches
www.certifiedcoach.org

International Coaching Federation
www.coachfederation.org

International Foundation for Gender Education (IFGE)
www.ifge.org

International Professional Surrogates Association
www.surrogatepartners.org

Lifestyles Organization
www.lifestyles.org

Miss Vera's Cross-Dressing Academy
www.missvera.com

Gyn Help: Vulvar Pain
www.ourgyn.com

Planned Parenthood Federation of America
www.ppfa.org

Sex Coach University
www.sexcoachu.com

Sexual Health.com (includes information on disability)
www.sexualhealth.com

Sexuality Information and Education Council of the U.S.
www.siecus.org

Society for Human Sexuality
www.sexuality.org

Society for the Scientific Study of Sexuality
www.sexscience.org

T. Harv Eker
www.peakpotentials.com

The Kama Sutra Temple (tantra)
www.tantra.org

The Kinsey Institute
www.kinseyinstitute.org

University of Minnesota's Program in Human Sexuality
www.med.umn.edu/fp/phs.phsindex.htm

Widener University (graduate school in sexology)
www.widener.edu

World Association for Sexology
www.worldsexology.org

特殊報告（SPECIAL REPORTS）

Special Issue on Sexual Health in Minnesota Medicine
www.mmaonline.net/publications/MNMed2003/July/0307.htm

The U.S. Surgeon General's Call to Action to Promote Sexual Health and Responsible Sexual Behavior
www.surgeongeneral.gov/library/sexualhealth/

WHO Working Definitions of Sexual Health
www.who.int/reproductive-health/gender/sexual_health.html

案主資源（RESOURCES FOR CLIENTS）

教導性教學錄影帶╲DVD（Instructional Sex Teaching Videos╲DVDs）

Alexander Institute
www.lovingsex.com

Dr. Patti's Website
www.yoursexcoach.com

Pacific Media Entertainment
www.loveandintimacy.com

Sinclair Institute
www.bettersex.com

Eve's Garden
www.evesgarden.com

色情及春宮錄影帶／DVD（Erotic and Porn Videos／DVDs）

Candida Royalle: Femme Collection
www.royalle.com

Veronica Hart: Triple-X
videos/DVDs

VCA Pictures
www.vcapix.com

ONLINE STORES

Good Vibrations
www.goodvibes.com

Grand Opening
www.grandopening.com

My Pleasure
www.mypleasure.com

Xandria Collection
www.xandria.com

References

CITED SOURCES

Bandler, R. & Grinder, J. (1979). *Frogs into princes: Neurolinguistic programming.* Meab, UT: Real People Press.

Barbach, L. (2000). *For yourself: The fulfillment of female sexuality* (Rev. ed.). New York: Signet.

Berne, E. (1996). *Games people play: The psychology of human relationships.* New York: Random House.

Blank, J. (1993). *Femalia.* San Francisco: Down There Press.

Britton, P. (2001). *The adventures of her in France.* Beverly Hills, CA: Leopard Rising.

Britton, P. & Hodgson, H. (2003). *The complete idiot's guide to sensual massage.* Indianapolis, IN: Alpha.

Chia, M. (1996). *The multi-orgasmic man: Sexual secrets every man should know.* New York: HarperCollins.

Dodson, B. (1996). *Sex for one: The joy of selfloving.* New York: Crown.

Dodson, B. (2002). *Orgasms for two: The joy of partnersex.* New York: Harmony.

Edwards, B. (1999). *The new drawing on the right side of the brain.* New York: J.P. Tarcher.

Gray, J. (1992). *Men are from mars, women are from venus.* New York: HarperCollins.

——— (1984). *What you feel you can heal: A guide to enriching relationships.* Mill Valley, CA: Heart Publishing.

Harris, T. A. (2004). *I'm ok, you're ok: The transactional analysis: breakthrough that's changing the consciousness and behavior of people who never before felt ok about themselves.* NY: HarperCollins.

Hartman, W. E. & Fithian, M. A. (1972). *Treatment of sexual dysfunction: A - bio-social approach.* Long Beach, CA: Center for Marital & Sexual Studies.

Keesling, B. (1995). *How to make love (and drive your women wild).* New York: HarperCollins.

Kinsey, A. et al. (1998). *Sexual behavior in the human male.* Bloomington: Indiana University Press. (Originally published 1948).

Klein, F., Sepckoff, B., & Watt, T. J. (1985). Sexual Orientation: A multivariable dynamic process. *Journal of Homosexuality, 11* (1–2), 35–49.

Lauman, E., Gagon, J. H., Michael, R. T., & Michael, S. (1994). *The social organization of sexuality: Sexual practices in the United States.* Chicago: University of Chicago Press.

Leonard, T. J. (1998). *The portable coach: 28 surefire strategies for business and personal success.* New York: Scribner.

Morin, J. (1995). *The erotic mind: Unlocking the inner sources of sexual passion and fulfillment.* New York: HarperCollins.

Myss, C. (2001). *Sacred contracts: Awakening your divine potential.* New York: Harmony.

Pasahow, C. (2003). *Sexy encounters: 21 days of provocative passion fixes.* Holbrook, MA: Adams Media Corporation.

Queen, C. (2002). *Exhibitionism for the shy: Show off, dress up and talk hot.* San Francisco: Down There Press.

Savage, L. (1991). *Reclaiming goddess sexuality: The power of the feminine way.* Carlsbad, CA: Hay House.

Schnarch, D. (1998). *Passionate marriage: Keeping love and intimacy alive in committed relationships.* New York: Henry Holt.

Stubbs, K. R. (1994). *Women of the light: The new sacred prostitute.* Larkspur, CA: Secret Garden.

Tolle, E. (1999). *The power of now: A guide to spiritual enlightenment.* Novato, CA: New World Library.

Williams, P. & Davis, D. C. (2002). *Therapist as life coach: Transforming your practice.* New York: Norton.

ADDITIONAL READING

Anand, M. (1989). *The art of sexual ecstasy: The path of sacred sexuality for western lovers.* New York: Putnam.

Barbach, L. (1984). *Pleasures: Women write erotica.* New York: Harper-Perrenial.

Berman, J. & Berman, L. (2001). *For women only: A revolutionary guide to overcoming sexual dysfunction and reclaiming your sex life.* New York: Henry Holt.

Boston Women's Health Book Collective. (1992). *The new our bodies, ourselves: A book by and for women.* New York: Simon & Schuster.

Brockway, L. S. (2003). *A goddess is a girl's best friend: A divine guide to finding love, success, and happiness.* New York: Perigee.

Castleman, M. (2004). *Great sex: A man's guide to the secret principles of total-body sex.* Emmaus, PA: Rodale Press.

Crenshaw, T. L. (1996). *The alchemy of love and lust: How our sex hormones influence our relationships.* New York: Pocket Books/Simon & Schuster.

Davidson, J. (2004). *Fearless sex: A babe's guide to overcoming your romantic obsessions and getting the sex life you deserve.* Gloucester, MA: Fair Winds Press.

Dyer, W. (2003). *There's a spiritual solution to every problem.* Carlsbad, CA: Hay House.

Ellis, A. (1998). *A guide to rational living.* North Hollywood, CA: Wilshire Book Co.

——— (1988). *How to stubbornly refuse to make yourself miserable about anything—yes, anything.* NY: Kensington Publishing group.

Ellison, C. R. (2000). *Women's sexualities: Generations of women share intimate secrets of sexual self-acceptance.* Oakland, CA: New Harbinger.

Foley, S., Kope, A. A., & Sugrue, D. P. (2002). *Sex matters for women: A complete guide to taking care of your sexual self.* New York: Guilford.

Hollander, X. (2002). *The happy hooker, 30th anniversary edition.* New York: Regan Books/HarperCollins.

Joannides, P. (2004). *Guide to getting it on* (2nd revised edition). Waldport, OR: Goofyfoot Press.

Kapit, W. M. & Elson, L. M. (1993). *The anatomy coloring book* (2nd ed.). New York: HarperCollins.

Kuriansky, J. (2001). *The complete idiot's guide to tantric sex.* Indianapolis, IN: Alpha.

LaCroix, N. (2001). *Tantric sex: The tantric art of sensual loving.* New York: Southwater/Anness Publishing.

Leiblum, S. R. & Rosen, R. C. (2000). *Principles and practice of sex therapy* (3rd ed.). New York: Guilford.

Milsten, R. & Slowinski, J. (1999). *The sexual male: Problems and solutions.* New York: Norton.

Northrup, C. (2001). *The wisdom of menopause: Creating physical and emotional health and healing during the change.* New York: Bantam.

Ogden, G. (1999). *Women who love sex: An inquiry into the expanding spirit of women's erotic experience.* Cambridge, MA: Womanspirit Press.

Paget, L. (2000). *How to give her absolute pleasure: Totally explicit techniques every woman wants her man to know.* New York: Broadway.

——— (2001). *The big O: Orgasms, how to have them, give them and keep them coming.* New York: Broadway.

Robbins, A. (1986). *Unlimited power.* New York: Fawcett Columbine. Available only on audio.

Sheiner, M. (Ed.). (1999). *Herotica 6.* San Francisco: Down There Press.

Tannen, D. (1990). *You just don't understand: Women and men in conversation.* New York: Ballantine.

Westheimer, R. K. (2000). *Encyclopedia of sex.* New York: Continuum.

Winks, C., & Semans, A. (2002). *The good vibrations guide to sex: The most complete sex manual ever written* (3rd edition). San Francisco: Cleis Press.

Zilbergeld, B. (1999). *The new male sexuality* (Rev. ed.). New York: Bantam.

性教練常用詞彙

Chapter 1

sex coaching 性教練工作
sex coach 性教練
empowerment 賦權
cognitive dissonance 認知失調
sexual fulfillment 性實踐
sexual energy 性能量
bodywork 身體工作
home assignments 回家作業
sexual pleasure 性愉悅
personal disclosure 個人揭露
self-disclosure 自我揭露
present-centered 現在中心的
client-centered 案主中心的
cognitive-behavioral approach 認知行爲方法
esoteric practices 奧祕的實作
vaginal dryness 陰道乾燥
confidentiality 保密
life coach 生活教練
life coaching 生活教練工作
sex-positive 性正向

Chapter 2

sexual concerns 性擔心
sex goals 性目標
clinical sexology 臨床性學
the SAR process（sexual attitude reassessment, SAR）性態度再評量歷程
persons living with AIDS （PWAs）帶有愛滋病者
sexual tolerance 性容忍
sexuality 性
sexual diversity 性的多樣化
sexual image saturation 性影像飽和
sexual expression 性表達
human sexuality 人類的性
sexuality educator 性教育工作者
sexual rights 性權利
the PLISSIT model PLISSIT 模式
sexual potential 性潛能
permission 允許
intensive coaching 密集教練
sensate focus 感官專注
human sexual response 人類性反應
sexual intercourse 性交
sexual desire 性慾
residence program 駐地方案
body touch exercises 身體碰觸練習
sexual function training 性功能訓練
erectile／ejaculatory control 勃起／射精控制
hand caress 手愛撫
personal erotic drawings 個人情慾繪畫
the Schnarch model 史納克模式
intimacy issue 親密議題
intimacy capacity 親密能力
rational emotive behavioral therapy 理情行爲治療
writing and self-talk 寫下來與自我對話
Gestalt therapy 完形治療

ego states therapy／transactional analysis 自我狀態治療／交流分析

relationship dynamics 關係動力

active dialogue techniques 主動對話技巧

neurolinguistic programming（NLP）神經語言程式化

holistic／New Age 全人的／新時代

sexual surrogates 性代理人

sexual performance skills 性操作技巧

healing arts 療癒的藝術

self-help therapy 自助治療

Love Letter technique 情書技巧

sex advice 性忠告

12-step models and programs 十二步驟模式與方案

sexual addiction 性成癮

compulsive sexual behavior 強迫性的性行為

comfort zone 自在區域

voice dialogues 語音對話

Gestalt it out 空椅技術

Chapter 3

sexual language 性語言

cunnilingus 男對女口交

fellatio 女對男口交

sexual vocabulary 性辭彙

sex quiz 性測驗

having sex／being sexual 有性

safer sex 較安全的性

sexual orientation 性導向

sexually transmitted diseases（STD）性傳染病

sexually transmitted infections（STI）性傳染感染

non-vanilla sex 非典型的性

sexplore 性探索

sexperiment 性實驗
professional dominatrix 專業的虐待慾
sexual preference 性偏好
sexual development 性發展
swinging 交換性
tantric 譚崔
Kama Sutra 印度愛經
sex coaching attitudes 性教練態度
sex coaching practice 性教練實務／業務

Chapter 4

the PC exercise model 恥骨與尾骨間肌肉鍛鍊模式
human sexual arousal 人類性激發
sexual interest 性興趣
sexual variation 性變化
sexual ethics and moral 性倫理與道德
pornography 春宮圖象／影視
clinical intervention 臨床介入
sexual response cycle 性反應週期
sexual abuse 性虐待
homophobia 恐同症
sexual capabilities 性能力

Chapter 5

dual relationship 雙重關係
spot coaching 臨時教練
check in 現場指導
sex coaching skills 性教練技巧
initial intake form 初談表格
follow-up form 追踪表格

referral base 轉介庫

Chapter 6

MEBES model 梅貝斯模式
sex coaching methods 性教練方法
low or no sexual desire（LD）低或無性慾
early ejaculation（EE）早發性射精
erectile dysfunction（ED）勃起功能障礙
delayed ejaculation（DE）遲洩
sexual inhibition（SI）性壓抑
body dysphoria issues（BD）身體自在議題
social／eating skills deficit（SDSD）社交／約會技巧缺乏
desire for enhanced pleasure（EP）強化愉悅的慾念
sexual trauma （ST）性創傷
preorgasmic primary 前高潮原發性
preorgasmic secondary 前高潮次發性
dyspareunia 性交疼痛
vaginismus 陰道痙攣
the sexless relationship 無性關係
aversion to touch or misplaced touch communication 觸碰嫌惡或錯置的碰觸溝通
conflicts about desire／uneven desire（UD） 有關性慾／不均衡性慾之衝突
conflicting values about monogamy／affairs 有關一夫一妻制／婚外戀情的價值觀之衝突
performance skills deficit（PSD） 操作技巧缺乏
body image issues（BI） 身體形象議題
communication style conflicts（CS） 溝通作風衝突
negotiation skills deficit（NSD） 磋商技巧缺乏
sex-negative value system 性負向價值系統
sexual history forms 性歷史表格
assessment criteria 評量準則

sexual behavioral change 性行爲改變

body coaching 身體教練

viewing session 觀賞教練時段

erotic energy 情慾能量

masturbation techniques 自慰技巧

Chapter 7

sex drive 性驅力

arousal phase 激發期

female sexual anatomy 女性性生理

male sexual anatomy 男性性生理

low sexual self-esteem 低性自尊

sexual ignorance 性無知

sociosexual trend 性社會趨勢

the Back It Up Process 支撐它歷程

testosterone replacement therapy 睪固酮替代治療

orgasm-directed coaching practice 引導高潮的教練實務

female awareness／acceptance 女性覺察／接納

nonsexual bodywork 非性的身體工作

talk-only sex coaching 只談話的性教練

homeopathy 順勢療法

premature ejaculation 早發性射精

performance anxiety 操作焦慮

ejaculatory inevitability（EI）射精無可避免性

relationship issues 關係議題

couple coaching 伴侶教練

retrograde ejaculation 逆向射精

sexual adequacy 性恰當

masturbatory pattern 自慰的模式

Chapter 8

erotic pleasure 情慾愉悅

journey to awaken the sexual self 覺醒自我之旅程

perimenopause 停經前期

hormone replacement therapy 荷爾蒙替代治療

hysterectomy 子宮切除術

abusive／coercive relationship 虐待或脅迫的關係

clitoral stimulation 陰核刺激

anal stimulation 肛門刺激

anorgasmic 高潮喪失的

the Three Door techniques 三門技術

foreplay 前戲

estrogen replacement therapy 動情激素替代療法

guided imagery 引導的想像

multiple orgasms 多重高潮

sexual self-acceptance 性自我接納

Chapter 9

sexless relationship 無性關係

quickies 快速的性

couples counselor 伴侶諮商師

individual masturbation 個人的自慰

mutual masturbation 相互的自慰

sensual touch 感官感覺的碰觸

sexual atrophy 性的萎縮

the Mirror activity 觀鏡活動

the Partner Drawings activity 伴侶繪畫活動

the Red／Yellow／Green light exercise 紅黃綠燈練習

power dynamics 權力動力

intimacy patterns 親密模式

acting out 外化

self-empowerment techniques 自我增權技術
sex myths 性迷思
intimacy avoidance 親密逃避
sexual union 性結合
emotional earthquake 情緒地震

Chapter 10

straight 異性戀
sexual identity 性認同
gender identity 性別認同
transsexual （TS）變性人
（MTF, male to female） 男兒身女兒心
（FTM, female to male） 女兒身男兒心
bisexual orientation 雙性導向
same-sex attraction 同性吸引
transgender （TG）跨性別者
transvestite 異性扮裝者
heterosexual cross-dressers 異性戀扮裝者
homosexual cross-dressing drag queers 同性戀扮裝者
intersexual person／hermaphrodite 陰陽人／具有兩性性器官者
butch 女同志
queer 同性戀
heterosexuality 異性戀
homosexuality 同性戀
transition coach 爲變性人準備之轉變教練

Chapter 11

pregnancy concerns 懷孕擔心
postpartum depression 產後憂鬱

fertility issues 生育議題
pregnancy prevention 懷孕預防
monogamous relationship 一夫一妻關係
contraceptive method 避孕方法

Chapter 12
kink （kinky sex）怪癖的（性怪癖）
fetish 戀物癖
BDSM
bondage and discipline（B & D）綑綁與調教
sadomasochism （S & M）虐待被虐待慾
group sex 集體性
erotic indulgences 情慾放縱
the Kegels 凱葛爾練習
denial of pleasure 否認愉悅
dominatrix 女性性虐者

penetrative sex 插入的性
couple time 伴侶時間
vulvar pain disorders 骨盆腔疼痛疾患

threesomes 三人行
voyeurism 窺伺癖
exhibitionism 裸露癖
fantasy swinging 幻想的交換性
porn dependency 春宮影像依賴
child-adult sexual activity 孩童成人性活動
sexually explicit materials 性曝露素材
sexless marriage 無性婚姻
cybersex 網路性愛
safe words 安全用語

SelfHelp 021

不要讓床冷掉——如何成為一位性教練

The Art of Sex Coaching: Expanding Your Practice

作者—佩蒂・布利登（Patti Britton PH.D.）

譯者—林蕙瑛

出版者—心靈工坊文化事業股份有限公司
發行人—王浩威　諮詢顧問召集人—余德慧
總編輯—王桂花　特約編輯—林婉華、林俞君、周旻君、祁雅媚
執行編輯—黃心宜
通訊地址—10684 台北市信義路四段 53 巷 8 號 2 樓
郵政劃撥—19546215　戶名—心靈工坊文化事業股份有限公司
電話—02) 2702-9186　傳真—02) 2702-9286
Email—service@psygarden.com.tw　網址—www.psygarden.com.tw

製版・印刷—漾格科技股份有限公司
總經銷—大和書報圖書股份有限公司
電話—02) 8990-2588　傳真—02) 2990-1658
通訊地址—248 新北市五股工業區五工五路二號
初版一刷—2011 年 12 月
ISBN— 978-986-6112-26-3　定價—450 元

國家圖書館出版品預行編目資料

不要讓床冷掉——如何成為一位性教練
／佩蒂・布利登（Patti Britton PH.D.）作；林蕙瑛譯.
初版—臺北市：心靈工坊文化，2011.12
面；公分. --（Self Help；021）
譯自：The Art of Sex Coaching：Expanding Your Practice
ISBN 978-986-6112-26-3（平裝）
1. 性知識　2. 性治療法　3. 諮商

429.1　　100022991

心靈工坊 PsyGarden 書香家族 讀友卡

感謝您購買心靈工坊的叢書，爲了加強對您的服務，請您詳填本卡，
直接投入郵筒（免貼郵票）或傳眞，我們會珍視您的意見，
並提供您最新的活動訊息，共同以書會友，追求身心靈的創意與成長。

書系編號—SelfHelp 021　　書名—不要讓床冷掉—如何成為一位性教練

姓名　　是否已加入書香家族？□是 □現在加入

電話 (O)　　(H)　　手機

E-mail　　生日　年　月　日

地址 □□□

服務機構　　職稱

您的性別—□1.女 □2.男 □3.其他

婚姻狀況—□1.未婚 □2.已婚 □3.離婚 □4.不婚 □5.同志 □6.喪偶 □7.分居

請問您如何得知這本書？

□1.書店 □2.報章雜誌 □3.廣播電視 □4.親友推介 □5.心靈工坊書訊
□6.廣告DM □7.心靈工坊網站 □8.其他網路媒體 □9.其他

您購買本書的方式？

□1.書店 □2.劃撥郵購 □3.團體訂購 □4.網路訂購 □5.其他

您對本書的意見？

□ 封面設計　1.須再改進 2.尚可 3.滿意 4.非常滿意
□ 版面編排　1.須再改進 2.尚可 3.滿意 4.非常滿意
□ 內容　1.須再改進 2.尚可 3.滿意 4.非常滿意
□ 文筆／翻譯　1.須再改進 2.尚可 3.滿意 4.非常滿意
□ 價格　1.須再改進 2.尚可 3.滿意 4.非常滿意

您對我們有何建議？

▲您的意見，我們將轉貼在心靈工坊網站上，www.psygarden.com.tw

10684台北市信義路四段53巷8號2樓
讀者服務組 收

加入心靈工坊書香家族會員
共享知識的盛宴，成長的喜悅

請寄回這張回函卡（免貼郵票），
您就成為心靈工坊的書香家族會員，您將可以——

⊙隨時收到新書出版和活動訊息

⊙獲得各項回饋和優惠方案